U0616139

# 岩溶发育演化过程及数值模拟
## ——以层状节理碳酸盐岩为例

王晓光　姜传胤　著

科学出版社

北京

# 内 容 简 介

本书以裂隙石灰岩中的岩溶管道发育过程为核心，聚焦岩溶发育初期的生成与演化机制，通过数值模拟揭示岩溶系统中流体流动与化学溶蚀作用之间的复杂耦合关系。本书首先系统综述近 20 年来岩溶演化领域的基础理论和数值模拟研究进展，全面梳理该领域的主要学术成果和技术发展现状；然后，重点阐述岩溶发育的反应动力学理论，并建立岩溶早期发育与演化的反应性溶质传输数值模型，同时结合实际案例，深入讨论裂隙开度、裂隙网络非均质性等关键因素对裂隙溶蚀行为和岩溶发育过程的影响；最后，通过对二维与三维模型在刻画岩溶演化过程中的差异进行对比分析，明确各类模型的适用条件，并提出未来研究的方向和重点。

本书适合水文地质、工程地质、水利工程、石油与天然气工程及地热开发工程等领域的科研和工程技术人员，以及专注岩溶发育演化机理和数值模拟研究的学者与研究生参考阅读。

**图书在版编目（CIP）数据**

岩溶发育演化过程及数值模拟：以层状节理碳酸盐岩为例 / 王晓光，姜传胤著. -- 北京：科学出版社，2025. 3. -- ISBN 978-7-03-081567-5

Ⅰ. P583；P588.24

中国国家版本馆 CIP 数据核字第 2025ZF1635 号

责任编辑：黄 桥 / 责任校对：韩卫军
责任印制：罗 科 / 封面设计：墨创文化

科 学 出 版 社 出版
北京东黄城根北街 16 号
邮政编码：100717
http://www.sciencep.com

成都锦瑞印刷有限责任公司 印刷
科学出版社发行 各地新华书店经销

\*

2025 年 3 月第 一 版 开本：787×1092 1/16
2025 年 3 月第一次印刷 印张：5 3/4
字数：136 000
**定价：118.00 元**
（如有印装质量问题，我社负责调换）

# 第一作者简介

王晓光，男，教授，博士生导师，四川省"天府峨眉计划"特聘专家。天府永兴实验室地热勘探开发与综合利用研究中心副主任、四川省地热能勘探技术工程研究中心主任。主要从事深部水文地质学及地热开发工程方面的教学和科研工作。主持深地国家科技重大专项青年科学家课题、国家自然科学基金面上项目/青年科学基金项目、四川省重点研发计划（重大科技专项）等科研项目 10 余项。发表 SCI 论文 50 余篇；获国家发明专利授权 13 项（美国专利 2 项）；主编教材 1 部，参编行业规范 1 部。

# 前　言

　　岩溶是地质演化的独特产物，也是地球上最具震撼力的地质景观之一。岩溶是一个动态变化的地质系统，其形成与演化过程十分复杂，受气候、水文、地质、地形以及人类活动等多种因素的综合影响。岩溶系统是气候变化的天然记录体，能忠实记录古气候变化特征，为气候研究提供宝贵的实证数据。古岩溶的发育对油气和地热等矿产资源的迁移与储集具有深远影响。岩溶通道不仅为流体迁移提供了关键路径，还影响资源分布和储层稳定性。岩溶的存在对大坝、铁路等工程设施的安全性构成潜在威胁。研究岩溶发育过程有助于预测岩溶区可能引发的结构性破坏，提高工程的安全性与可持续性。因此，研究岩溶发育过程具有重要的科学价值和工程应用意义。

　　本书讨论的早期岩溶发育演化机制主要通过数值模型获得。数值模拟在研究岩溶发育方面具有两个显著优势。首先，岩溶发育是一个多尺度的地质过程，范围从微米级裂隙开度的溶蚀，到数十米宽、几公里长地下河的形成。数值模拟能够有效捕捉这一复杂的多尺度溶蚀过程，为我们提供清晰的空间分辨视角。同时，岩溶发育是一个极为缓慢的过程，时间跨度可达数千至数万年。借助数值模型，可以在长时间尺度上模拟和预测岩溶发育的路径与演化过程，获得直观且系统的认识。

　　岩溶生成和演化过程的计算机模型研究始于 20 世纪 70 年代。加拿大麦克马斯特大学的德里克·福特（Derek Ford）教授团队最早构建了一个 100×100 网格的简单溶蚀数值模型，用于对比验证其石膏溶蚀实验结果。德国不来梅大学的沃尔夫冈·德赖布罗特（Wolfgang Dreybrodt）教授及其学生弗兰奇·加布罗夫舍克（Franci Gabrovšek）教授和杜奇科·罗曼诺夫（Douchko Romanov）教授，是最早使用数值模型系统研究岩溶发育演化过程的团队。他们使用一维和二维考虑 $CaCO_3 + H_2O + CO_2$ 化学反应平衡的反应性溶质传输模型详细探讨了裂隙石灰岩岩溶管道的形成与演化过程。研究重点是对通过突破时间描述的岩溶发育时间尺度的预测。此外，他们还讨论了混合溶蚀和深部 $CO_2$ 源对石灰岩岩溶发育和演化的影响。他们的主要学术成果收录于其 2005 年出版的专著 *Processes of Speleogenesis：A Modeling Approach* 中。到 2000 年前后，岩溶演化数值模拟研究进入了鼎盛时期。在此期间，学者们开始关注地质非均质性（如裂隙网络结构、开度分布、裂隙-基质相互作用）和水文地质条件（如定压/定流量水力边界、多点补给边界）对岩溶发育的影响规律。有代表性的研究团队包括德国的图宾根大学马丁·绍特（Martin Sauter）教授团队和哥廷根大学格奥尔格·考夫曼（Georg Kaufmann）教授团队。与此同时，学者们开始探索能解释这些模拟生成的复杂溶蚀模式的底层机制。美国科罗拉多矿业大学哈里哈尔·拉贾拉姆（Harihar Rajaram）教授团队通过二维粗糙裂隙的反应性流动数值模拟，发现了多个同时发育的岩溶管道之间存在流速-反应速率的正反馈机制。随后，波兰科学院彼得·希姆恰克（Piotr Szymczak）教授利用这一竞争机制解释了公里尺度岩溶通道的形成原因。

　　笔者研究团队关于岩溶发育的数值模拟研究开始于 2017 年。当时，笔者刚从英国帝国理工学院博士毕业，加入法国蒙彼利埃大学水文地质研究所工作，与蒙彼利埃大学埃尔韦·茹尔德（Hervé Jourde）教授共同指导博士生穆罕默德·阿利乌什（Mohammed Aliouache）开发了团队的第一个二维裂隙网络渗流-溶蚀耦合模型。研究团队将这一模型应用于具有梯子状结构的典型节理裂隙系统中，意外发现了裂隙组的邻接模式可以扰动正反馈机制，从而显著影响突破时间和溶蚀形态。2020 年，姜传胤加入研究团队。在他于蒙彼利埃大学攻读博士学位期间，研究团队持续改进最初的二维简单岩溶模型，并建立了先进的三维模型，后期将这些模型应用于多个地质、水利和石油工程项目中，帮助解释地层由岩溶发育引起的非均质性，取得了显著成效。

　　2023 年 10 月，笔者在北京举行的第七届"地下水科学青年论坛"上作了题为"裂隙岩体岩溶发育演化机制及数值模拟"的学术报告。该报告引起了岩溶地下水领域多位权威专家的关注。报告结束后，多位青年学者来咨询模型实现的细节问题。笔者意识到，岩溶发育数值模型在国内地下水领域的研究和应用还不广泛，很多青年学者和博士对多场耦合模型构建方法存在诸多疑问。这促使笔者萌生了撰写本书的想法。本书是笔者研究团队在岩溶发育演化过程及数值模拟领域研究成果的阶段性总结，系统地阐述了岩溶发育的反应性溶质传输模型的构建方法，阐明了早期岩溶发育中石灰岩裂隙溶蚀的基本机制，揭示了非均质性和维度对岩溶发育的影响规律。但受篇幅所限，许多重要问题将留待后续讨论。

　　本书的相关研究得到了国家自然科学基金项目、四川省重点研发计划项目，以及地质灾害防治与地质环境保护全国重点实验室的资助和支持。同时，特别感谢父母、夫人和三个儿子对自己研究工作的支持。

　　由于笔者水平有限，本书所涉及的参考、引用资料较多，书中难免有疏漏和不妥之处，敬请各位读者批评指正。

王晓光

2024 年 11 月于成都

# 目　　录

# 第1章 绪　　论

## 1.1　岩溶系统研究目的及意义

岩溶，又称作喀斯特（karst），是指在碳酸盐岩地层中由于水的溶蚀作用而形成的独特地质景观和水文系统。其主要特征包括溶洞、地下河流、石林等。岩溶地层广泛分布于全球各地，覆盖了地球陆地无冰区的 10%～20%[1]。岩溶管道系统最长的可超过 500km，最深（在其最高点和最低点之间的垂直距离）可超过 2km。著名的岩溶地区包括中国的桂林、越南的下龙湾、美国的佛罗里达州以及欧洲的阿尔卑斯山脉。这些地区不仅具有丰富的地质和水文特征，还蕴藏着重要的生态和经济价值。研究岩溶系统的目的包括：

（1）理解岩溶地貌的形成与演化过程。岩溶系统的形成和演化是一个复杂的过程，涉及地质、气候和生物等多种因素的相互作用。研究岩溶系统可以揭示其形成机制、演化过程及影响因素。这有助于更好地理解地球表面形态的演变。这不仅对于基础地质研究有重要意义，还可以为解决岩溶地区的实际问题提供科学依据[2]。

（2）水资源管理与保护。岩溶地区的地下水系统复杂且重要，是许多地区的主要水源。由于岩溶系统的特殊结构，其水文特性与其他地区显著不同。研究岩溶水文系统有助于地下水资源的有效管理、保护和污染防治[3]。通过详细的水文模拟，可以预测地下水的流动和污染扩散，优化水资源的利用和保护策略。

（3）灾害防控与地质环境治理。岩溶地区易发生地面塌陷和地下河流断流等地质灾害。由于地下空洞和裂隙系统的复杂性，地质灾害具有突发性和破坏性。研究岩溶系统，有助于制定科学的防灾减灾措施，保障人类生命财产安全[4]。例如，通过模拟不同降雨条件下的地下水位变化，可以预测并预防潜在的地面塌陷。

（4）生态环境保护。岩溶地区的独特生态系统需要特定的保护策略。岩溶地区通常拥有独特的植物群和动物群，其生态系统的平衡依赖于稳定的水文和地质条件。研究其生态特征及演变规律，有助于制定有针对性的生态保护措施[5]。例如，通过模拟土地利用变化对岩溶水文系统的影响，可以为生态环境保护提供科学依据。

在岩溶系统的研究中，由于许多岩溶洞穴无法直接进入，数值模拟方法对于研究岩溶洞穴形态、地层渗流能力和非均质性方面具有重要意义和独特优势。数值模拟方法不受时间、空间和成本限制，能够在短时间内模拟出不同条件下的岩溶水文系统演变过程[6]。此外，岩溶系统是一个多尺度、多物理化学过程相互作用的复杂系统。数值模拟能够综合考虑水动力、化学溶蚀、岩石力学、温度、地质力学等多种因素，有助于人们深入理解系统内部的动态过程和相互作用[7]。例如，通过多物理场耦合模拟，可以揭示不同因素对岩溶发育的相对贡献。

岩溶演化数值模拟对指导实际工程应用也具有重要意义。通过模拟不同水资源管理策略对岩溶地下水系统演化的影响,可以优化水资源开发与保护方案,提高水资源利用效率和可持续性。通过数值模拟方法,可以对岩溶地区的潜在地质灾害(如塌陷、滑坡等)进行预测和评估,为制定科学的防灾减灾方案提供依据[8]。岩溶系统演化模拟还可以预测岩溶坝址在溶蚀作用下下游渗漏量的变化,评估岩溶坝址的有效性[9]。因此,岩溶演化数值模拟研究不仅能深化我们对这一复杂地质系统的认识,揭示其演化规律和机制,还能为水资源管理、地质灾害防治及生态环境保护提供科学依据,具有重要的理论价值和实际应用意义。

## 1.2 岩溶含水层及其特性

在深入探讨岩溶含水层中岩溶管道演化过程前,应首先了解其整体结构。"含水层"指的是具有足够渗透性,能够传输地下水的岩层。与常规地层相比,岩溶含水层的独特性在于其渗透和储水能力会随着基质的溶蚀而不断提高。典型的岩溶含水层原生孔隙度较低,水流的循环作用导致基质溶蚀,从而形成较高的次生孔隙度。在初始状态下,水流主要出现在裂隙和层理面中。本书将讨论岩溶含水层流动系统,其中流体主要源自大气降水,进而形成所谓的"岩溶洞穴"[1]。此外,接下来的讨论主要基于含水层由石灰岩构成的基本假设。

纯净水无法大量溶蚀石灰岩。早在 18 世纪,科学界就已认识到富含 $CO_2$ 的水是岩溶侵蚀的主要流体。起初,研究主要关注大气中的 $CO_2$。由于大气中 $CO_2$ 的含量仅为 0.03%,因此 $CO_2$-$H_2O$ 溶液对石灰岩的溶蚀作用有限。然而,后来的研究逐渐揭示了其他环境中 $CO_2$ 的贡献,例如土壤和地下水系统中 $CO_2$ 含量对岩溶过程的影响。1932 年,Swinnerton[10]强调了土壤中 $CO_2$ 的重要性,指出土壤中 $CO_2$ 含量通常在 5%以上,对岩溶过程有显著影响。土壤中 $CO_2$ 的高浓度主要来自植物根系的呼吸作用和有机物的分解,这些过程显著提高了土壤气体中的 $CO_2$ 浓度,增强了土壤水溶液对石灰岩的溶蚀能力。随着植物和微生物活动的增加,土壤中 $CO_2$ 浓度可能进一步升高,从而加速岩溶侵蚀进程。除土壤中的 $CO_2$ 外,地下水系统中的 $CO_2$ 也在岩溶过程中起重要作用。在地下水系统中,$CO_2$ 可通过以下几种途径进入水体:一是土壤水入渗过程中携带 $CO_2$ 进入;二是深部 $CO_2$ 通过裂隙与孔隙进入;三是在地下水生态系统中,生物代谢过程产生的 $CO_2$ 进入水体。在深层岩溶系统中,地下水中的 $CO_2$ 浓度可能显著高于大气中的浓度,从而极大增强了水对碳酸盐岩的溶蚀能力。这些过程不仅在近地表的浅层岩溶系统中发挥作用,在深层的岩溶洞穴和地下河流中也同样重要。近年来,研究人员还发现了地下水中其他气体(如 $H_2S$)对岩溶过程的潜在影响。例如,$H_2S$ 通过与水反应形成氢硫酸,进一步增强对石灰岩的溶蚀作用。此外,地热活动和火山活动也可能向地下水系统中引入大量 $CO_2$ 和其他酸性气体,进一步加速岩溶侵蚀的过程。

成熟的岩溶含水层表现出显著的非均质性。含水层内部不同位置的岩体水力传导系数差异显著,变化范围为 $10^{-10} \sim 10^{-1}$ m/s。导水性最低的区域由岩石基质的晶间孔隙控制,而最高的导水性则源于大型洞穴和管道。因此,在岩溶含水层中,水流流态可能从层流(主要存在于狭窄裂缝中)到湍流(存在于宽敞的溶蚀管道中)变化。

岩溶演化的核心问题是多级孔隙空间的形成过程。换句话说，即如何从一个结构相对均匀、主要由基质和小开度（<0.01cm）裂隙和层理构成的含水层，演变为一个包含广泛分布溶洞-裂隙网络的复杂洞穴系统。

## 1.3　岩溶系统演化数值模拟的研究进展

随着对岩溶含水层特性和石灰岩溶蚀动力学理解的深入，结合计算机技术的进步和算力的提升，数值模拟已成为研究岩溶含水层发育和演化的有效方法。建立岩溶含水层的数值模型涉及多种方法，其中基于对象（object-based）的方法能够创建一个具有多重孔隙度和复杂边界条件的三维含水层模型。尽管现代计算机能够提供足够的算力来处理这些复杂模型，但解释这些模型背后的机制仍然是一个挑战，类似于解释自然界中的复杂现象。因此，在开发复杂的数值模型之前，深入掌握岩溶发育和演化的基本过程和机制至关重要。

本章节将回顾过去 30 年中岩溶演化数值模拟的发展历程，从早期的一维管道模型，到二维裂隙和裂隙（管道）网络模型，再到最新的三维裂隙网络岩溶模型。此外，还将深入回顾和总结先前研究中各种机理机制对岩溶演化的影响。

### 1.3.1　基本溶蚀机制：从一维到三维建模的见解

管道或裂隙中反应-传输机制构成了岩溶发育和演化数值模型的基本框架。1958 年，Weyl[11]通过实验发现，方解石在 $CO_2$-$H_2O$-$CaCO_3$ 溶液中的溶蚀遵循线性速率规律。然而，White 和 Longyear[12]指出，线性溶蚀速率方程无法解释自然界中数千公里长的管道形成。为此，White[13]在 1977 年提出了一个非线性溶蚀速率模型。该模型中，溶蚀反应的动力学常数在 $Ca^{2+}$ 浓度超过某一阈值后显著减小。基于这一理论，Dreybrodt[14]和 Palmer[15]首次将这种非线性溶蚀速率方程引入到单裂隙溶蚀演化模型。随后，Dreybrodt 等[16]以及 Gabrovšek 和 Dreybrodt[17]对这一问题进行了深入的数学分析。

如图 1-1 所示，该模型采用了一维简化的管道模型。该模型将导水裂隙简化为无分支

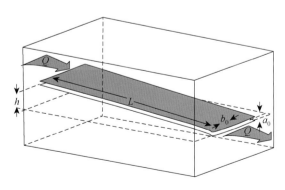

图 1-1　一个均匀开度裂隙的示意图

注：$a_0$ 为初始开度，$b_0$ 为宽度，$L$ 为长度，$Q$ 为流量；侵蚀性水在恒定水头 $h$ 的驱动下经过该裂隙

的一维管道，并假设管道内壁溶蚀均匀。因此，模型主要考虑管道内溶液浓度和开度的变化。研究中，采用恒定水头边界条件，驱动饱含 $CO_2$ 的水流通过裂隙。在此系统中，观察到一种"正反馈效应"。随着溶蚀演化，裂隙开度增加，导水能力增强，流量逐渐增大，最终导致出现"突破"现象（流量急剧增加）。

在定压力边界条件下，突破时间（breakthrough time，BT）是一个关键参数。突破时间可以通过多种方式定义：

（1）线性动力学浓度前缘（$Ca^{2+}$ 浓度低于门限值）到达裂隙出口的时刻。

（2）根据雷诺数（$Re$）判断，当雷诺数大于 2000 时，即发生湍流的时刻。

（3）出口流量与初始流量的比值超过 1000 的时刻。

通常，根据这些准则计算的突破时间差异较小。突破的发生标志着岩溶演化早期阶段的结束，因此是衡量地下岩溶发育强度的重要标准。

通过数学解析，一维单条管道突破时间的上限近似值可为

$$T_B^0 = \frac{(n-1) \cdot a_0}{(2n+1) \cdot 2\gamma \cdot F(L,0)} \tag{1-1}$$

式中，$T_B^0$ 为突破时间；$n$ 为高阶动力学指数；$a_0$ 为初始开度；溶蚀动力学系数 $\gamma$ 为 $1.177 \times 10^9 \mathrm{cm}^3/(\mathrm{s \cdot mol \cdot a})$。

将 $t = 0$ 时裂缝出口处的溶蚀速率 $F(L, 0)$ 从单位为 $\mathrm{mol}/(\mathrm{cm}^2 \cdot \mathrm{s})$ 的量转换为基岩退缩量（单位：cm/a）。$T_B^0$ 的单位为 a。因此，当出口处的开度增加到初始值的几倍时，突破现象就会发生[16]。通过计算具有均匀开度 $a_0$ 和长度 $L$ 的初始裂缝的 $F(L, 0)$，可以得

$$T_B^0 \approx \frac{1}{2\gamma} \cdot \frac{n-1}{2n+1} \cdot \left(\frac{1}{a_0}\right)^{\frac{2n+1}{n-1}} \left(\frac{24\eta L(n-1)}{\rho g i c_{eq}}\right)^{\frac{n}{n-1}} (k_n)^{\frac{1}{n-1}} \tag{1-2}$$

式中，$g$ 为重力加速度；其他参数的含义与单位如表 1-1 所示。

表 1-1　式（1-2）中使用的参数

| 参数 | 符号 | 单位 |
|---|---|---|
| 裂缝开度 | $a_0$ | cm |
| 裂缝长度 | $L$ | cm |
| 水力梯度 | $i$ | — |
| 非线性动力学系数 | $n$ | — |
| 非线性动力学常数 | $k_n$ | $\mathrm{mol}/(\mathrm{cm}^2 \cdot \mathrm{s})$ |
| 平衡浓度 | $c_{eq}$ | $\mathrm{mol}/\mathrm{cm}^3$ |
| 溶液黏度 | $\eta$ | $\mathrm{g}/(\mathrm{cm \cdot s})$ |
| 溶液密度 | $\rho$ | $\mathrm{g}/\mathrm{cm}^3$ |

突破时间是衡量岩溶发育程度的重要指标：较短的突破时间通常表明岩溶化程度较高。有关式（1-2）的详细讨论可见文献[16]。Groves 和 Howard[18]研究了允许一维岩溶通道发育的最低水化学条件。

在岩溶发育的过程中,溶蚀前缘的渗透长度(penetration length)$l_p$ 可以通过以下方程估算[19]:

$$l_p = \frac{q}{2k} \qquad (1\text{-}3)$$

式中,$q$ 为流速;$k$ 为溶蚀速率常数。因此,随着溶蚀裂隙的演变,溶蚀前缘渗透得更深。

随后,一维岩溶演化模型扩展至二维(2D)模型。这些模型从建模角度可分为两类:二维单裂隙面模型[19-21] 和二维裂隙网络或管道网络模型[22-24]。增加的建模维度导致了更复杂的"正反馈效应":相比一维的模型,二维模型的优先流动通道可以从邻近区域吸引流量,从而进一步加速其发展。这种"流动集中"(flow focusing)过程导致"蚓孔"(wormhole)溶蚀的形成以及蚓孔之间的竞争。此外,流动集中使溶蚀前缘的 $Ca^{2+}$ 浓度保持在非线性动力学阈值以下,导致突破时间对动力学阶数的敏感性减弱[19]。然而,蚓孔的形成并非必然,这取决于溶蚀速率和流速之间的相对大小,即达姆科勒(Damköhler)数 $Da$。低 $Da$ 对应于大的渗透长度 $l_p$[式(1-3)],往往在整个裂隙中产生均匀溶蚀,而高 $Da$(或低 $l_p$)则导致更局部化的蚓孔溶蚀[25]。最近的室内实验表明,这一趋势同样适用于粗糙裂隙中的径向流动[26]。

相比二维岩溶模型,三维(3D)空间中的建模工作量要小得多。首先,二维管道网络建模可以自然地扩展到三维管道网络模型。该模型仍然保持每个管道内一维均匀溶蚀的假设[9, 27-29]。三维建模可以纳入更复杂的边界条件[9, 27]。此外,与二维建模相比,三维建模导致突破时间缩短,这是因为更多的裂隙导致更强的聚合流动效应[30]。随后,Li 等[31]基于嵌入式离散裂隙网络模型研究了三维自生岩溶过程,强调了动力学触发岩溶发育机制和横向洞穴形成概念在天然水流环境中迷宫式洞穴生成中的重要性。

### 1.3.2  补给边界条件的影响

裂隙型碳酸盐岩地质环境中补给边界条件对岩溶作用的影响涉及两个方面:不同的补给模式(水头控制或集水控制)和不同类型的补给边界(集中补给或扩散补给)。在早期阶段,岩溶发育演化以液压控制为主,因为原始含水层的狭窄裂缝无法容纳高流量。因此,在这一阶段,补给入口由与地表高度相关的恒定水头控制,剩余的潜在补给水则成为地表径流[32, 33]。然而,可用的潜在补给并非无限。随着含水层岩溶作用的进行,水力传导性增强,所能容纳的水量也增加。当含水层能够完全吸收最大潜在补给量时,水头控制转变为补给或集水流域控制(简称集水控制)。此时,补给入口由一定数值的最大潜在补给量控制。因此,许多岩溶作用建模工作中会切换补给条件,即当流入速率达到限制时,水头控制切换为集水控制[22, 32, 33]。

图 1-2 为不同补给边界条件下的水文地质环境示意图,图中 $h_{in}$ 与 $h_{in}^*$ 为不同的入口水头,$h_{out}$ 为出口水头,$Q_{in}$ 为入口流量。标签 1 代表潜在的优势流动路径;标签 2 代表恒定水头补给条件下,由边界到边界的受限方向性流动;标签 3 代表具有恒定流量(降水)和恒定水头(河流)补给条件的非承压含水层的垂直剖面。$H$ 为河流与出口垂直高度。

图 1-2（b）表示一个受限的石灰岩层（未显示上覆的不透水层），具有与湖泊或河流相连的集中补给，提供恒定水头的输入。

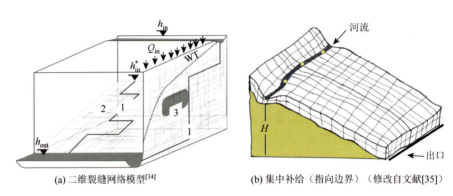

(a) 二维裂缝网络模型[34]　　　　　　　(b) 集中补给（指向边界）（修改自文献[35]）

图 1-2　不同补给边界条件下的水文地质环境示意图

注：WT 表示水位线

对于补给边界的类型，基于二维或三维单裂隙表面的建模普遍采用边界到边界的定向流动条件。岩心尺度单裂隙中的定向流动与一些实验室实验的流动边界条件一致[36, 37]，而野外（米级）尺度裂隙的溶蚀则对应于大型层理面的岩溶作用[20, 21]。基于二维或三维裂隙网络的大型含水层尺度建模中，也广泛研究了定向流动中的岩溶发育过程。这种定向流动与扩散补给边界[图 1-2（a），标签 2]耦合，由恒定水头条件（水头控制）或恒定流量条件（集水控制）驱动。模拟结果表明，与恒定流量条件相比，恒定水头条件下形成的溶蚀形态在前缘更为扩散[图 1-3（a）～（c）]。这是因为溶蚀前缘的厚度与 $Da$ 成反比。恒定流量条件下 $Da$ 增加，而在恒定水头条件下 $Da$ 减小[25]。这种现象与 Hoefner 和 Fogler[38] 在实验室观察到的现象一致，其中恒定水头条件下的蚓孔比恒定流量条件下的蚓孔分支更多[图 1-3（d）]。此外，Cent Fonts 泉水系统的主要终端管道也提供了现场证据，表明岩溶通道向出口呈扇形展开，并在出口附近形成多个泉[图 1-3（e）]。这可能归因于早期岩溶发育中的水头控制条件。

在含水层尺度（千米尺度）模型中，更多研究[22-24, 33, 35, 39-45]采用集中补给条件，即湖泊或河流在某些位置与含水层相连[图 1-2（b）]。在这些研究中，每个入渗点是独立的，其补给条件通常从水头控制开始，随后过渡到集水控制。由于水头控制和集水控制之间的切换，首先突破的管道形成低压区，吸引其他入口供水的管道向低压区发育。这一过程甚至可能改变晚期突破管道原先的发育方向，最终形成相互连接的分支网络模式[图 1-3（f）]。在自然界中，也常观察到分支状岩溶通道系统，其中成熟的洞穴系统由离散的沉洞或下沉溪流补给[15]。此外，数值研究表明，增加向集水控制条件过渡的最大流量限制会导致更扩散的溶蚀分布，形成迷宫式网络[23]。这解释了迷宫通道（通常叠加在分支洞穴上）与洪水事件的关联[23]。

许多其他数值模拟工作研究了在扩散型降水补给条件下的岩溶过程。在二维水平剖面模型中，通常假设整个域内为扩散补给，侧向存在一个排泄边界[7, 32, 45, 46]。受限于含水层

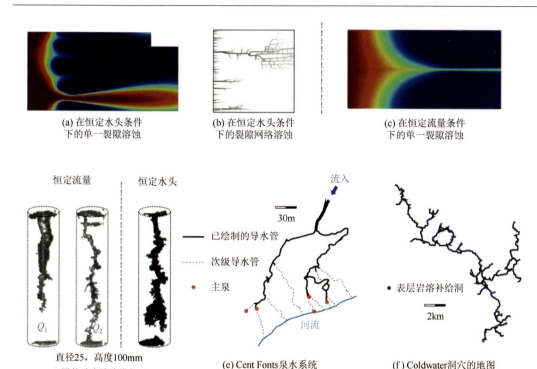

(a) 在恒定水头条件
下的单一裂隙溶蚀

(b) 在恒定水头条件
下的裂隙网络溶蚀

(c) 在恒定流量条件
下的单一裂隙溶蚀

恒定流量 恒定水头

已绘制的导水管

次级导水管

主泉

流入

30m

表层岩溶补给洞

2km

河流

直径25，高度100mm

(d) 用盐酸水溶液进行石
灰岩酸化的实验室实验

(e) Cent Fonts 泉水系统
主终端导水管的地图

(f) Coldwater洞穴的地图

图 1-3    不同补给边界条件下的数值模拟结果及现场证据

（a）、（b）、（c）恒定水头或流量条件下模拟结果示例，分别引自文献[39]、文献[40]和文献[41]；左侧和右侧边界分别为入口和出口；（d）恒定流量或水头条件下，石灰岩酸化实验的溶蚀形态证据[38]；（e）Cent Fonts 泉水系统主要终端管道的地图，显示出口附近有多个泉（据 *exploration sous le causse de la selle*：*plongée dans le systeme des Cent Fonts*）；（f）美国艾奥瓦州温纳希克（Winneshiek）县 Coldwater 洞穴的地图，显示入口点在控制洞穴形态中的重要性[42]；$Q_1$、$Q_2$ 表示两个不同的恒定流量

传导性，补给条件可能逐渐从早期的水头控制演变为后期的集水控制[46]。岩溶管道的显著演变特征是它们从出口开始向入口方向传播。这是因为靠近出口的区域首先突破，伴随压力下降，随后成为新的等效出口。在集中补给情景中也会出现类似机制，其中集中补给点从靠近出口的点依次向模型内突破[35]。发育岩溶管道网络的几何形状取决于含水层的非均质性和补给的非均质性（与地表地形有关）[7, 32]。二维垂直剖面模型假设一个顶部固定流量补给边界（有时叠加一个局部固定水头河流补给）和一个侧向排泄点[47-50]（图 1-2，标签 3）。垂向模型表明，除非有河流稳定水位，否则随着岩溶作用的进行，初始的高水位逐渐下降到稳态基准面[47]。2002 年，Kaufmann[51]的研究表明，当水位下降速度足够慢时，岩溶管道从入口向出口演变，形成气候河流洞穴。相反，当水位迅速下降时，岩溶管道从出口向水头方向扩展，形成饱和水位洞穴。显著的裂隙可能导致形成深部饱和洞穴，这验证了 Ford 和 Ewers[52]提出的不同通道模式。值得注意的是，深部饱和洞穴也可能因出口和水位的抬升而形成[49]。因为原有水位洞穴在水位抬升后变为深部潜水洞穴，其高导水性可能继续成为吸引流动的优先通道。Kaufmann[27]开发了一个考虑复杂表面演化过程（三维扩散、河流侵蚀、岩溶剥蚀）的三维模型。他进一步研究了一个涉及地貌抬升的情景，结果形成了多个水平通道，每个通道对应于一个前期基准面。值得注意的是，这项研究还模拟了岩溶含水层的短期降水-排放响应，显示了从长衰退期特征向非常短的衰退期特征转变。

Birk 等[53]在一项关于自流水环境中石膏岩溶作用的模拟研究中也展示了排泄边界演变的重要性。在他们的研究中，出口为地表的一条河流和远右侧的一个排水区。模拟结果显示，由于河流切割增强了垂直压力梯度，溶蚀优先沿垂直方向发展。

### 1.3.3　其他因素的影响

#### 1. 地质非均质性

在二维单裂隙情景中，地质非均质性通过裂隙开度的变化表现出来。最初，Hanna 和 Rajaram[21]认为，开度场变化较大会导致优势流动路径的形成，诱发更狭窄和曲折的溶蚀通道，并显著减少突破时间。然而，Cheung 和 Rajaram[20]在之后的研究中发现，当裂隙尺寸约大于开度相关长度的 25 倍时，突破时间随着开度变化呈非单调变化。这是因为，尽管较大的开度变化导致均匀溶蚀前缘迅速破裂形成分支，但也增强了这些分支之间的竞争，减缓了优势分支的发展。此外，Upadhyay 等[54]的研究随后显示，溶蚀形态和突破时间对开度场的变化及相关长度都不敏感。溶蚀形态的不敏感性归因于蚓孔竞争，这种影响可能会在长时间溶蚀后掩盖初始开度分布的作用。蚓孔竞争机制进一步导致了不同层级的蚓孔分布，其中蚓孔的数量随其长度减少，正如 Upadhyay 等[54]的野外观察所示[图 1-4（a）]。数值模拟结果结合 De Waele 等[55]的野外观察数据，证实了不同层级

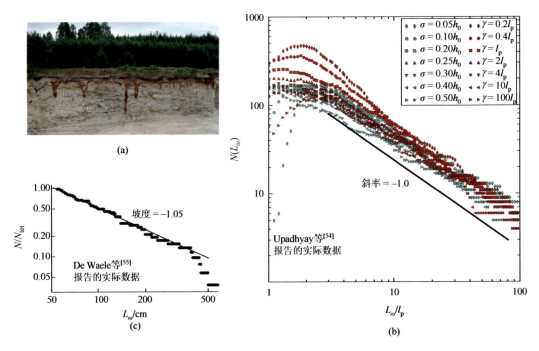

图 1-4　蚓孔的分布与尺寸数据

（a）波兰 Smerdyna 的石灰岩采石场中发现的溶蚀管系统，展示了层次蚓孔分布，包含许多小蚓孔和少数长蚓孔[54]；（b）粗糙裂缝中蚓孔长度分布的数值模拟结果[51]；（c）溶蚀管道长度累计分布[54]；$L_\omega$ 为蚓孔长度，$N/N_{tot}$ 为数量占比，$\sigma$ 为粗糙度，$h_0$ 为初始裂隙开度，$\gamma$ 为关联长度，$l_p$ 为渗透长度，$N(L_\omega)$ 为沿裂隙系统宽度方向的溶蚀孔道数量

的分布遵循蚓孔间距与其长度之间约 1∶1 的比例关系[图 1-4（b）、（c）]。该规律不随尺度变化，也不受局部溶洞和腔体的影响[54]。

蚓孔间距与其长度之间的关系也适用于裂隙网络中的岩溶演化过程。比如，在纵向与横向尺寸比大于 1 的模型中，数值模拟结果显示，突破时往往只发育一个优势流动通道[40, 43, 44, 56]。比单裂隙更复杂的是，裂隙网络可以通过其拓扑结构表现出非均质性。Aliouache 等[40]对天然"梯状"裂隙网络的早期岩溶作用进行了数值模拟研究。他们认为，由裂隙网络拓扑结构引起的几何非均质性（或各向异性）可能会导致流动和溶蚀之间的正反馈效应频繁中断。因此，当流动方向与贯通裂隙垂直时，溶蚀形态可能对流速大小不太敏感。

许多基于裂隙网络的储层尺度模型显示，主要裂隙/断层在控制优势流动路径的位置和几何形状方面至关重要。这些由优势裂隙控制的流动路径可能与边界条件相关联的优先路径产生竞争[7, 48, 49, 51]。例如，不同优势裂隙的宽度、倾角和密度会引发不同程度的深部潜水型洞穴的形成，而非水位型洞穴[49, 51]。储层内的优势流动区域可能决定溶蚀前缘的前进方向，进而形成与野外观察一致的最终溶蚀形态[57, 58]。然而，优势流动区域的重要性取决于优势裂隙和密集狭窄裂隙之间的开度差，这控制着它们之间的流量交换[48, 59, 60]。开度差较小时，岩溶演化倾向于通过狭窄裂隙形成捷径，而非沿着蜿蜒的主要裂隙进行，这也影响突破时间[60]。

裂隙碳酸盐岩的各向异性也是影响岩溶演化行为的重要因素之一。如前所述，各向异性可能由裂隙网络的几何非均质性引起[40]。此外，非均质性还可能与开度的空间分布有关，这可能是由各向异性的原位应力载荷导致的[61, 62]。基于孔隙网络模型，Roded 等[63]在最近的研究中发现，在均匀溶蚀模式（低 $Da$）下，溶蚀导致非均匀各向异性介质及其流速场的均匀化。这是因为窄通道中更强的扩散传输导致溶蚀速率较高，而随着裂隙开度的扩大，溶蚀速率逐渐减慢。随后，Roded 等[64]进一步研究发现，各向异性控制着蚓孔的间距和形状，改变了达到突破所需的最佳注入速率。对于场地尺度的层状碳酸盐岩，Wang 等[65]的研究发现，增加层理面与节理裂缝的开度比会导致沿层理面的流速场产生渠化，这可能解释了自然界中观察到的从管状岩溶、条带状岩溶到片状岩溶的不同早期岩溶现象。

Dreybrodt 等[35]进一步研究了单裂隙内不同岩性分布对岩溶演化的影响。在天然条件下，岩溶管道会穿过多个具有不同反应动力学特性的石灰岩地层。他们发现，岩性差异导致某些区域的岩石溶蚀速率较低。在极端情况下，某些岩石对水完全不溶，该处裂隙开度保持不变，成为影响整个岩溶管道渗透率的因素。虽然可溶区域在溶蚀初期会提高流量，但不可溶区域的渗流阻力将抑制这一反馈机制，最终将总流量限制在特定值。

### 2. 岩石基质

由于碳酸盐岩中岩石基质的渗透性通常比裂缝低几个数量级，许多岩溶过程的数值模型假设反应性传输仅发生在裂缝中，忽略了岩石基质的影响[40, 43, 44, 56]。然而，基于不同的沉积条件，岩石基质的渗透性可能很高[62]。一些早期的研究考虑了岩石基质对流动的影响，但忽略了岩石孔隙的溶蚀过程[7, 33, 48]。由于裂缝与岩石基质之间的交换流，突破时间可能显著缩短[48]。在岩溶作用的早期阶段，岩石基质和裂隙共同对流动起作用。随着岩溶系统的发展，扩大的裂隙逐渐主导流动。因此，流动模式从均匀的孔隙控制流动逐渐转变为强非均质性裂隙控制流动[7]。近年来，Duan 等[66]进一步建立了一个考虑裂隙和岩石基质溶蚀的岩溶模型，以研究岩溶腔体的形成过程。他们认为，基质孔隙度非均质性的程度、相关长度及基质和裂隙之间的相互作用，控制了腔体的形状和位置，以及洞穴区域的互连性。Liu 等[67,68]开发了一个连续反应传输模型，并将其应用于碳酸盐岩储层的酸化过程。他们发现，裂隙可能控制蚓孔的发育方向和分支数量[67]。有趣的是，对于孔隙连接性差（孤立）的碳酸盐岩，达到最有效溶蚀的最佳注入速率与无裂隙的岩石相比几乎没有变化[67,68]，而溶蚀形态则与岩石基质孔隙度的非均质性高度相关[68]。相比之下，对于良好连接的裂隙网络，裂隙主导了溶蚀路径的几何形状，溶蚀形态和突破时间对岩石基质孔隙度的敏感性较低[68]。

### 3. 混合溶蚀和 $CO_2$ 非均质分布

混合溶蚀（mixing corrosion，MC）是一种重要的岩溶作用机制，当两种具有不同化学成分的水体混合时发生。例如，有两个补给入口位于不同的植被区域（绿色和灰色）[图 1-5（a）][35]。结果，进入两个入口的溶液的 $CO_2$ 分压（$p_{CO_2}$）和相应的 $Ca^{2+}$ 平衡浓度（$c_{eq}$）存在差异。在两个饱和溶液的汇合区，混合溶液变为不饱和，并重新获得对方解石的溶蚀性，这一过程称为混合溶蚀[69]。Gabrovšek 等[70]在 2000 年首次研究了两个单一裂隙的简单汇合情景下的混合溶蚀过程。他们发现 MC 导致了额外的溶液欠饱和性，缩短了突破时间，并加速了早期岩溶作用的结束。在早期岩溶作用之后，由于欠饱和水从入口传输至出口，MC 的影响在成熟的岩溶管道中较小。该机制在裂隙网络系统中同样有效[50,70,71]。MC 还可能通过将溶蚀前缘传播引向 MC 区域，从而影响早期岩溶作用的演变[图 1-5（b）][71]。此外，当来自不同入口的流入水接近饱和时，MC 可能会主导整个岩溶过程。在这种情况下，岩溶作用仅在水混合处发生[图 1-5（c）]，突破行为被入口与由 MC 形成的岩溶管道之间的未溶蚀区域所抑制[71]。这证实了洞穴可以在远离含水层补给源的地方形成[35]。

Gabrovšek 和 Dreybrodt[50]研究了一个二维垂直剖面无承压裂隙含水层的岩溶演化过程。在这种情况下，岩溶过程在 MC 的作用下进行，即地表水从石灰岩地层渗透下来，并与低水力梯度的背景潜水混合。溶蚀发生在混合区，混合区的边界也随着水力传导性的演变而变化，导致岩溶管道沿梯度向下生长。随着地表水的 $p_{CO_2}$ 水平和流速的变化，岩溶渗透深度也随之改变。在 2020 年以后，他们进一步研究了由于大气降水与上涌的高

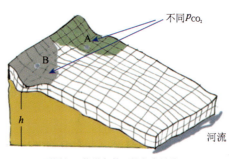

(a) 不同入口化学条件下的集中补给

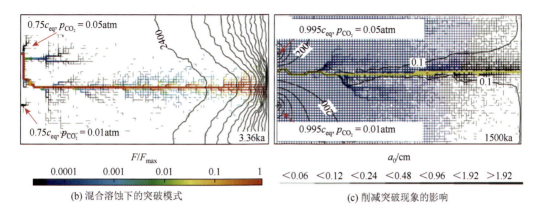

$F/F_{max}$

0.0001　0.001　0.01　0.1　1

(b) 混合溶蚀下的突破模式

$a_0$/cm

<0.06 　<0.12 　<0.24 　<0.48 　<0.96 　<1.92 　>1.92

(c) 削减突破现象的影响

图 1-5　混合溶蚀的地质条件设置与数值模拟

注：1atm = $1.01325 \times 10^5$Pa

（a）不同化学条件的集中补给点引起的混合溶蚀现象的地质背景（修改自文献[35]）；在两种典型情景下，经过长期岩溶演化后的溶蚀速率（$F/F_{max}$）和裂缝开度（$a_0$）的分布；（b）具有混合溶蚀的突破模式（入口浓度为 0.75$c_{eq}$，而上部入口的 $p_{CO_2}$ 高于下部入口）；（c）与图（b）相同的 $p_{CO_2}$，但入口浓度较高（0.995$c_{eq}$），突破影响减小

$CO_2$ 浓度深层水混合引发的自生岩溶作用。一个上下弯曲的洞穴系统在两种水的混合区形成，其位置和模式取决于许多因素，如含水层的尺寸、流速大小和降水时间。

值得注意的是，上述研究主要强调了不同入口地下水的化学成分差异的重要性，而忽略了 $p_{CO_2}$ 的空间变化。然而，火山活动或微生物代谢活动产生的地下二氧化碳源，也可能是缺乏初始地表入口的孤立洞穴形成的关键[68]。当水从低 $p_{CO_2}$ 区域进入高 $p_{CO_2}$ 区域时，水的 pH 下降，触发碳酸盐矿物的溶蚀。相反，当流动沿 $p_{CO_2}$ 的逆梯度进行时，会发生沉淀[72]。相关的简单数值模型进一步表明，由非均质分布的 $p_{CO_2}$ 引起的石灰岩溶蚀，可能比混合溶蚀效应引起的溶蚀强度高出几个数量级，因此更为重要[72, 73]。

4. 温度的影响

温度主要通过两个方面影响岩溶过程：①温度变化导致水的密度和黏度变化；②温度影响方解石的溶蚀度和溶蚀速率，从而影响化学控制[74]。方解石在水中的溶蚀速率随着温度降低而增加[15]。因此，即使是饱和的方解石水，温度降低也会引发额外的溶蚀，反之则会导致沉淀。

对于大多数表生成因的岩溶模型，温度效应未受到太多关注，因为一定深度的地下水温度波动通常较小。然而，温度效应可能对深部潜水洞穴的形成至关重要，因为深部洞穴能够引导水进入深部较为温暖的含水层[74, 75]。实际洞穴通道的例子显示，深部潜水洞穴的深度可达 100~500m（图 1-6），温度变化范围为 10~40℃[74]。由于水的黏度在温度从 10℃上升至 40℃时降低了一半，温度效应的水力控制可能是形成深部潜水洞穴的主要驱动因素（根据 Worthington[76, 77]提出的假设）。然而，Kaufmann 等[74]认为，水力控制可能远不及温度效应产生的化学控制和结构控制（即，静压力导致的裂隙开度随深度的增加而减小）。他们的研究考虑了一个简化的情景，其中一个具有应力相关初始开度的"U"形裂隙在固定的垂直温度分布下演变。化学控制显示，温度升高导致钙溶蚀度降低，进而引起方解石沉淀和开度减小。由此产生的瓶颈效应可能堵塞深部潜水裂隙，甚至阻止突破的发生。因此，深部潜水洞穴的形成需要额外的溶蚀动力，这可能来自更大的初始裂隙开度，或来自深层二氧化碳源和溶蚀离子（盐水）导致的 $Ca^{2+}$ 平衡浓度增加[74]。Gong 等[78]进一步开发了一个热-流-化耦合模型，研究对流传热对石灰岩含水层岩溶作用的影响。研究发现，管道演变主要发生在温度降低和流量增加的区域。与不考虑热传递的情况相比，对流传热可以促使形成更深的洞穴。在具有倾斜断层的情景中，这一现象更为明显，因为该断层能够捕获大部分流动。

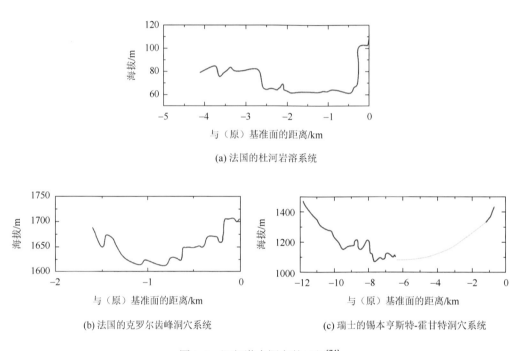

(a) 法国的杜河岩溶系统

(b) 法国的克罗尔齿峰洞穴系统　　　　　　　(c) 瑞士的锡本亨斯特-霍甘特洞穴系统

图 1-6　深部潜水洞穴的示例[74]

热-流-化耦合过程在底生岩溶的形成中起关键作用，上升的热水冷却导致溶蚀度增加，从而引发方解石溶蚀。早期的底生岩溶模拟工作可以追溯到简化的一维模型[15, 79]。Andre 和 Rajaram[79]研究发现，在地温梯度下，向上流动的热液导致沿裂隙几乎均匀地溶蚀生长。与表生岩溶类似，在流速缓慢增加一段时间后，出现突破特征，被称为"成熟时间"（maturation time）。由于热对流引起的温度升高，成熟后裂隙生长变缓。成熟时间的解析解与初始水力、热力和溶蚀度参数有关。Andre 和 Rajaram[79]还研究了二维变开度裂隙的情况，其中成熟时间可能随开度变化程度的增加而减少。Chaudhuri 等[80]进一步展示了从缓慢的向上对流状态向不稳定的浮力对流状态的过渡，并用修正的雷诺数准则解释了不稳定性的开始时刻。他们的研究结果显示，一个组织良好的浮力对流环产生了一个较窄的向上溶蚀路径，同时与周围向下沉淀的路径共存。随后，Chaudhuri 等[81]改进了热-流-化耦合模型，发现在具有初始非均质开度场的晚期自生成因岩溶中，优势流动可能抑制大浮力对流环的形成，这与初始均匀裂隙开度情况不同。

Gong 等[78]研究了由于冷的降水与温暖的地层上升水混合引起的"热混合溶蚀"（thermal mixing corrosion）过程，其中混合地下水的溶蚀能力取决于降水相对于方解石的饱和度、跨层水的温度和流速。2023 年，Roded 等[82]提出了一个更普遍的底生岩溶情景，其中富含 $CO_2$ 的热液冷却上升到一个封闭含水层中。他们通过热-流-化耦合数值模拟，解释了自生成因复杂迷宫状洞穴网络的形成，以及为何最大的溶蚀腔体在入口的某个距离外形成。

### 5. 地应力的影响

地下裂隙不可避免地受到原位应力的影响。裂隙力学行为十分复杂，例如法向闭合、剪切滑移、剪胀效应和裂隙扩展。这些力学形变会显著影响裂隙岩体的流动和传输特性。大量的数值模拟研究表明，各向同性应力环境可能导致裂隙相对均匀的闭合，从而削弱流动能力并延迟溶质迁移的突破[83, 84]。相反，各向异性应力环境可能导致某些倾向和方位的粗糙裂隙产生滑动和剪切膨胀，从而产生聚合流动现象[66, 87]和异常传输行为[84-88]。

尽管许多模拟工作已经研究了开度变化对岩溶行为的影响，但正如前文所述，大多数情况下非均质开度场是人为随机生成的。例如，通常采用对数正态模型生成含水层尺度的单裂隙模型[20, 21]和裂隙网络模型[30, 35]的随机开度分布场。尽管对数正态分布开度场的假设可以为蚓孔演化动力学和洞穴网络形成的基本机制提供初步见解，但它们可能无法充分代表与原位应力条件相关的实际开度分布。如前所述，Kaufmann 等[74]发现，开度随深度的增加而缩减的地质结构控制可能显著影响岩溶管道的向下发展。最近，Wang 等[62]研究了偏应力载荷引起的结构层次如何影响实际裂缝碳酸盐岩的早期岩溶作用。研究发现，由于水力传导性的增强，当流动方向沿滑动裂隙时，剪切滑移和膨胀倾向的裂隙主导了岩溶管道的位置。相比之下，应力条件对垂直于滑动裂隙流动方向的溶蚀形态影响较小。

# 第2章 岩溶系统反应动力学理论及建模

本章旨在介绍岩溶系统的反应动力学理论及数值模拟方法。由于碳酸盐岩溶蚀演化过程中的反应动力学早在 20 世纪末已基于相关实验结果得到较好的认识，本章首先总结前人的研究成果，包括岩溶反应平衡化学的影响因素以及反应动力学系数的计算等。然后以单根裂隙为例，介绍岩溶系统演化的数值模拟方法，主要包括两种常用方法：一维简化的管道模型和二维单裂隙模型。其中，前者假设单裂隙内的溶蚀是沿裂隙壁面的均匀溶蚀；后者采用全域离散的数值方法，能够模拟裂隙面内的非均匀溶蚀和蚓孔的形成，因此相比前者更为精确。本章主要介绍前人在单裂隙方面的工作，并总结不同数值模拟方法的差异。在后续章节中，将详细介绍作者在二维和三维裂隙网络岩溶发育和演化方面的数值模拟工作。

## 2.1 $H_2O\text{-}CO_2\text{-}CaCO_3$ 系统的平衡化学

化学过程是理解早期岩溶演变的关键。为了建立岩溶演化模型，需要掌握岩溶环境中石灰岩的溶蚀速率。请注意，石灰岩的溶蚀也可能由其他侵蚀性溶液引起，例如底生岩溶（hypogenic karst）生成中的硫酸[1]。这些过程将不在本书中讨论。

岩溶中最常见的侵蚀溶液是渗入石灰岩地层的富含 $CO_2$ 的水。$H_2O\text{-}CO_2\text{-}CaCO_3$ 系统的平衡化学很容易计算，并且在许多文献中可以找到相关参考[14-16]。

首先，我们关注纯 $H_2O\text{-}CO_2$ 溶液的性质。$CO_2$ 能够在水中溶解，地下水中 $CO_2$ 的溶解度 $\left(CO_2^{aq}\right)$ 与周围大气中的 $p_{CO_2}$ 通过亨利定律（Henry's law）联系起来：

$$\left(CO_2^{aq}\right) = K_H p_{CO_2} \tag{2-1}$$

式中，$K_H$ 是亨利常数，与温度有关。在 10℃时，$\lg K_H$ 约为 $-1.27$。

$CO_2$ 与水反应，生成碳酸（$H_2CO_3$）。$H_2CO_3$ 分步解离为 $H^+$ 和 $HCO_3^-$，并进一步解离为 $H^+$ 和 $CO_3^{2-}$。质量作用定律中的质量作用常数 $K_1$ 和 $K_2$ 与温度相关，是控制这两次解离的关键常数。

溶液中 $CaCO_3$ 的饱和度指数定义为

$$\varOmega = \frac{\left(Ca^{2+}\right)\left(CO_3^{2-}\right)}{K_c} \tag{2-2}$$

式中，$K_c = \left(Ca^{2+}\right)_{eq}\left(CO_3^{2-}\right)_{eq}$，下标 eq 表示平衡状态，$K_c$ 是平衡常数；圆括号表示离子活度。在 10℃时，$K_c$ 的对数为 $-8.41$。

$H_2CO_3$ 解离产生的 $H^+$ 与矿物释放的碳酸根离子反应：

$$CO_3^{2-} + H^+ \longrightarrow HCO_3^- \tag{2-3}$$

该反应使离子活度（$Ca^{2+}$）（$CO_3^{2-}$）降至足够低的水平，进而促使方解石的溶蚀。

Plummer 等[89]首次描述了碳酸存在条件下方解石表面的反应机制。他们提出了三个表面反应，这些反应可以用下面的总反应式来概括：

$$CaCO_3 + CO_2 + H_2O \longrightarrow Ca^{2+} + 2HCO_3^-  \tag{2-4}$$

从反应式（2-4）可知，每一个进入溶液的 $Ca^{2+}$ 都会消耗一个 $CO_2$ 分子，并生成 $HCO_3^-$。

对于平衡方程的详细推导，读者可参考相关文献[35]，这里仅介绍一些关键的结论。基于平衡化学理论，可以得到 $Ca^{2+}$ 的平衡浓度$[Ca^{2+}]_{eq}$ 与 $p_{CO_2}$ 之间的关系方程：

$$[Ca^{2+}]_{eq} = \left( p_{CO_2} \cdot \frac{K_1 K_2 K_H}{4 K_c \gamma_{Ca} \gamma_{HCO_3^-}} \right)^{1/3} \approx 10.75(1 - 0.0139T)\sqrt[3]{p_{CO_2}} \left[ \frac{\mu mol}{cm} \right]  \tag{2-5}$$

式中，$\gamma_{Ca}$、$\gamma_{HCO_3^-}$ 分别是达到平衡时 $Ca^{2+}$ 和 $HCO_3^-$ 的活性系数；$K_1$、$K_2$ 是两个解离步骤的质量作用常数；$K_c$ 是溶蚀度平衡常数；$T$ 是温度，℃。该关系方程对 $p_{CO_2} > 3 \times 10^{-4} atm$ 时仍然有效。

## 2.1.1　实现化学平衡的边界条件

含 $CO_2$ 的水对方解石的溶蚀主要在两种条件下进行：

（1）开放系统（open system）条件：溶液与方解石和含有 $CO_2$ 的气相接触。液体-气体界面间的 $CO_2$ 通量能够补充方解石溶蚀所消耗的 $CO_2$。

（2）封闭系统（closed system）条件：大气和溶液之间没有界面。方解石溶蚀所消耗的 $CO_2$ 不会被补充，因此 $CO_2$ 浓度随着 $Ca^{2+}$ 浓度的增加而降低。

对于开放系统，平衡浓度由式（2-5）给出。在岩溶含水层的潜水区，即建模区域，溶蚀是在封闭系统条件下进行的。在这种情况下，必须考虑溶液中的 $p_{CO_2}$ 随着溶蚀的进行而减小。因此，式（2-5）不能直接应用。如果 $p_{CO_2}^i$ 是方解石溶蚀前的 $CO_2$ 分压，那么在封闭系统平衡时，$p_{CO_2}$ 由以下公式给出：

$$p_{CO_2} \approx p_{CO_2}^i - \frac{[Ca^{2+}]_{eq}}{K_H}  \tag{2-6}$$

该公式在 $p_{CO_2}^i > 7 \times 10^{-4} atm$ 时有效。将该公式代入式（2-5），得到$[Ca^{2+}]_{eq}$ 的三次方程。该方程的解给出了封闭系统内$[Ca^{2+}]_{eq}$ 的值。

Gabrovšek 等[70]讨论了溶液与少量富含 $CO_2$ 的气体接触时的中间态动力学过程。图 2-1 显示了在开放和封闭系统条件下，方解石溶蚀过程中溶液的化学平衡路径。黑色实线代表式（2-5）所给出的平衡曲线。黑色箭头表示开放和封闭系统中溶液的化学平衡路径。在封闭系统中，溶液的 $CO_2$ 浓度下降，因为每释放一个 $Ca^{2+}$ 就会消耗一个 $CO_2$ 分子。对于开放系统，$CO_2$ 分子从大气中补充，因此 $CO_2$ 浓度保持不变。从路径和平衡曲线的交点可以读出平衡浓度（红色箭头）。

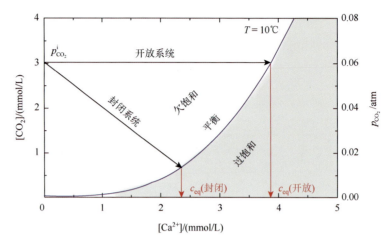

图 2-1    开放和封闭系统中溶液的化学平衡路径

注：[CO₂]表示 CO₂浓度；[Ca²⁺]表示 Ca²⁺浓度

## 2.1.2    封闭系统中饱和溶液的混合

$[CO_2]$-$[Ca^{2+}]$平衡曲线的非线性会导致一个非常重要的现象，如图 2-2 所示。平衡曲线划分了欠饱和和过饱和溶液的区域。如果溶液的（$[CO_2]$，$[Ca^{2+}]$）成分高于平衡曲线，则溶液为欠饱和；如果低于平衡曲线，则为过饱和。

图 2-2 显示了两种饱和溶液 A 和 B 的混合过程。由于平衡曲线的非线性，混合溶液 C 呈现出欠饱和特征。图中两个箭头分别指向混合溶液 C 的 Ca²⁺浓度 $c_C$ 和其平衡浓度 $c_{eq}$。因此，当两个饱和溶液混合时，混合溶液会产生欠饱和的溶蚀性质。Bögli[90]强调了这种现象对岩溶演化的重要性，认为"混合溶蚀"能够增强早期岩溶演化，并成为洞穴形成的关键机制，详见 Gabrovšek 和 Dreybrodt[17]以及 Romanov 等[71]的相关讨论。

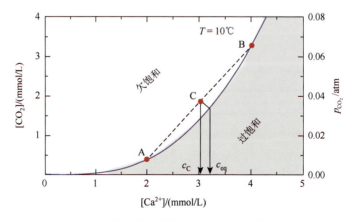

图 2-2    平衡曲线及过饱和与欠饱和溶液的区域

# 2.2　$H_2O$-$CO_2$-$CaCO_3$ 系统的化学反应动力学

## 2.2.1　溶蚀过程和速率方程

前文给出了岩溶水中 $Ca^{2+}$ 和 $CO_2$ 的化学反应途径，但关键问题是，在岩溶环境中，溶液沿着这些途径"移动"的速度如何。

对石灰岩的化学动力学的理解，对接下来各章节介绍的数值模型至关重要。石灰岩在欠饱和水中的溶蚀受三种耦合机制的控制。

### 1. 表面反应

矿物在表面上的脱离率取决于溶液的组成和矿物中杂质的浓度。Plummer 等[89]通过实验发现，对于岩溶水，以下速率方程在远离平衡时有效：

$$F_s = k_3 - k_4 \left( Ca^{2+} \right)_s \left( HCO_3^- \right)_s \tag{2-7}$$

式中，$k_3$ 是仅取决于温度的常数，而 $k_4$ 则取决于溶液中的 $CO_2$ 浓度。$k_3$ 表示溶蚀反应，$k_4$ 表示逆反应，它取决于矿物表面的钙离子活度 $(Ca^{2+})_s$ 和碳酸氢根离子活度 $\left( HCO_3^- \right)_s$。

接近平衡时，天然石灰岩表现出的溶蚀速率远低于速率方程所预测的值。根据 Plummer 等[89]的实验数据，表面溶蚀速率可以通过经验速率公式描述，具体如下：

$$F_s(c) = \begin{cases} k_{n_1}(1 - c/c_{eq})^{n_1}, & c \leqslant c_s \\ k_{n_2}(1 - c/c_{eq})^{n_2}, & c > c_s \end{cases} \tag{2-8}$$

式中，$n_1$ 取值为 1.5～2.2；$n_2 \approx 4$；$c_s$ 为临界浓度，$c_s \approx 0.8 c_{eq}$；$k_{n_1}$、$k_{n_2}$ 分别为低浓度区和高浓度区的溶蚀速率常数。Svensson 和 Dreybrodt[91]对天然方解石在开放系统中的行为进行了实验验证，后来 Eisenlohr 等[92]对封闭系统进行了验证。他们的研究显示，$n_2$ 取值为 4～11。这个研究还表明，相对于速率方程预测的结果，速率的下降是由于天然石灰岩中的杂质在表面积累，从而抑制了溶蚀。

### 2. 传输过程

矿物表面释放的离子必须被输送到溶液中，如果它们在矿物表面积聚，溶蚀将会停止。这种传输受到分子扩散的影响。因此，裂隙内部沿裂隙表面到溶液中心会形成浓度梯度。

### 3. $CO_2$ 的转化

每一个从矿物中分离出来的 $CO_3^{2-}$，需要消耗一个 $CO_2$ 分子，生成 $HCO_3^-$。根据质量守恒定律，来自表面的 $Ca^{2+}$ 的通量必须等于传输到溶液内的 $Ca^{2+}$ 的通量，同时等于向矿物表面传输的 $CO_2$ 的通量。如果表面溶蚀速率很高，$CO_2$ 的转化或质量传输可能成为限制溶蚀过程速率的主要因素。$CO_2$ 转化是一个缓慢的过程。在 pH 为 6～8 时，$CO_2$ 与 $HCO_3^-$

达到平衡可能需要一分钟。如果体积为 $V$ 的水以溶蚀速率 $F$ 从表面积为 $A$ 的区域溶蚀石灰岩，根据质量守恒定律：

$$V \cdot \frac{d[CO_2]}{dt} = A \cdot F \qquad (2\text{-}9)$$

如果 $V/A$ 比值变得足够小，速率将受到 $CO_2$ 的限制，因为 $F$ 不依赖于 $A$ 和 $V$。注意，对于在开度为 $2\delta$ 的裂隙中流动的水，$V/A$ 比值为 $\delta$。相反，如果开度 $2\delta$ 变得足够大，扩散过程也会限制速率。

一般来说，前文介绍的三种机制都必须加以考虑。然而，特定的条件可能更有利于一个或两个机制，使其表现出比其他机制高得多的速率。在这种情况下，可以忽略快速机制，仅考虑慢速过程即可计算速率。当只有一个机制是缓慢的时候，溶蚀过程的反应速率可以被认为是由表面、传输或 $CO_2$ 控制的。

图 2-3 显示了在封闭系统条件下，石灰岩孔道在层流条件下的溶蚀速率。曲线上的数字表示 $\delta$ 的值，单位为 $10^{-3}$cm。溶蚀速率是 $Ca^{2+}$ 浓度的函数。当 $\delta = V/A$ 较小时，例如 $\delta = 10^{-4}$cm 时，溶蚀速率非常低。这属于被 $CO_2$ 转化率限制的区域。随着 $\delta$ 增加，在 $Ca^{2+}$ 浓度保持不变的情况下，溶蚀速率首先随 $\delta$ 增加而线性增加。当 $\delta$ 进一步增加时，溶蚀速率接近极限 $F_{lim}$，在 $5 \times 10^{-3}$cm 到 $10 \times 10^{-3}$cm 的区域，溶蚀速率几乎与 $\delta$ 无关。这非常重要，因为该区域涵盖了岩溶早期演化中初始裂隙开度的尺寸范围。

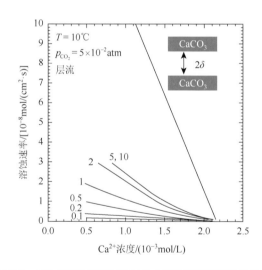

图 2-3 $CO_2$ 封闭系统条件下自由漂移运行的溶蚀速率

注：曲线上的数字表示 $\delta$ 的值，单位是 $10^{-3}$cm；对于 $\delta = 5 \times 10^{-3}$cm 和 $\delta = 10 \times 10^{-3}$cm，曲线相同；最右面的曲线给出了完全湍流运动和 $\delta = 1$cm 的溶蚀速率

图 2-3 中的所有曲线都可以用图 2-4 中的曲线进行合理的近似：

$$F = \alpha(c_{eq} - c) \qquad (2\text{-}10)$$

动力学常数 $\alpha$（单位：cm/s）在 $10^{-5}$cm/s 的数量级[16]。如果 $\delta > 1$cm，质量传输将成为溶蚀速率限制因素，溶蚀速率 $F$ 由以下公式给出：

$$F = \frac{\alpha_{\text{lim}}}{1 + 3\dfrac{\alpha_{\text{lim}} \cdot \delta}{D}}(c_{\text{eq}} - c) = \alpha_{\text{D}}(c_{\text{eq}} - c) \tag{2-11}$$

式中，$\alpha_{\text{lim}}$ 是极限动力学常数；$D$ 是 $Ca^{2+}$ 的扩散常数，约为 $10^{-5}\text{cm}^2/\text{s}$。当 $\alpha_{\text{lim}} \approx 3 \times 10^{-5}\text{cm/s}$，$\delta \approx 0.3\text{cm}$ 时，溶蚀速率降低了一半。

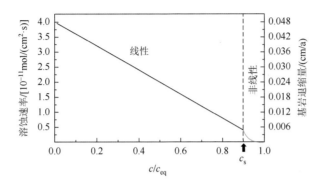

图 2-4　溶蚀速率与饱和度 $c/c_{\text{eq}}$ 的关系

在岩溶发育的早期阶段，流动呈层流状态，溶液在离入口很短的距离后就非常接近平衡。Eisenlohr 等[92]通过实验证明，接近平衡状态时，天然方解石碳酸盐由于石灰岩中的杂质（如磷酸盐或硅酸盐）而表现出抑制溶蚀速率的作用。此后，溶蚀速率下降了几个数量级，表现出非线性规律。

因此，石灰岩的溶蚀速率为

$$F = \begin{cases} k_1(1 - c/c_{\text{eq}}), c \leqslant c_{\text{s}}, k_1 = \alpha c_{\text{eq}} \\ k_{\text{n}}(1 - c/c_{\text{eq}})^n, c > c_{\text{s}} \end{cases} \tag{2-12}$$

式中，$n$ 取值为 3～11；$c_{\text{s}}$ 取值为 $0.7c_{\text{eq}} \sim 0.9c_{\text{eq}}$。式（2-12）由图 2-4 呈现。需要指出的是，石膏岩也遵循类似的溶蚀速率规律[93]，因此，石膏岩溶的建模方式与石灰岩的岩溶相同。必须强调的是，$k_1 = \alpha c_{\text{eq}}$ 的值仅在开度为 0.01～0.1cm 时是恒定的。根据式（2-11），只要流动保持层流状态，$\delta > 10^{-1}\text{cm}$ 时，$k_1$ 就会下降。溶蚀速率常数 $k_{\text{n}}$ 仅取决于矿物表面的属性。由于抑制作用，接近平衡的非线性表面溶蚀速率非常低，成为反应速率的限制因素。图 2-4 中，垂直线将线性动力学区域（$n=1$）与非线性动力学区域（$n=4$）分开。虚线将线性动力学的溶蚀速率延伸到非线性区域。这表明与线性动力学相比，被抑制的非线性溶蚀速率急剧下降。

## 2.2.2　湍流条件下的溶蚀

当水流变得湍急时，溶液被涡流混合，这样管道剖面上的浓度梯度就被拉平。完全混合的溶液与石灰岩表面之间由厚度为 $\varepsilon$ 的扩散边界层（diffusion boundary layer，DBL）分开。矿物表面到溶液之间的质量传输受到通过该边界层的分子的扩散影响，反之亦然。扩散边界层的厚度取决于流动的流体力学条件，公式如下：

$$\varepsilon = a/Sh \qquad (2\text{-}13)$$

式中，$a$ 是管道的开度；$Sh$ 是无因次舍伍德数，由下式给出[94]：

$$Sh = \frac{(f/8)(Re-1000)Sc}{1+12.7\sqrt{f/8}(Sc^{2/3}-1)} \qquad (2\text{-}14)$$

式中，$Re$ 表示雷诺数；$f$ 表示摩擦系数；$Sc$ 表示施密特数，$Sc = \eta/(\rho D)$，$\eta$ 为水的动力黏度，$\rho$ 为水的密度，$D$ 为溶质在水中的扩散系数。对于水，$Sc \approx 1000$。通过边界层的质量传输阻力也受 $CO_2$ 转化的影响。当 $CO_3^{2-}$ 的扩散长度（即 $CO_3^{2-}$ 从矿物表面到转化为 $HCO_3^-$ 的距离）相对于 $\varepsilon$ 很小时，扩散成为溶蚀速率限制因素，有效溶蚀速率常数 $k$ 随着 $\varepsilon$ 的增加而下降。

## 2.3　一维简化单裂隙的岩溶演化模型

单裂隙的溶蚀是岩溶含水层演化的一个基本要素，对于理解更复杂结构（如裂隙网络）的演化至关重要。本小节介绍一维裂隙溶蚀模拟方法及部分计算结果[16]。

### 2.3.1　模拟方法

如图 2-5 所示，初始流动通道被简化为矩形或椭圆形的均匀开度裂隙，其初始开度为 $a_0$，宽度为 $b_0$。在距离 $x$ 处的 $Ca^{2+}$ 浓度为 $c(x)$，在 $x + dx$ 处为 $c(x + dx) = c(x) + dc$。当流速为 $v(x)$ 时，根据质量守恒定律，可得

$$F(c)P(x)dx = v(x)A(x)dc \qquad (2\text{-}15)$$

式中，$F(c)$ 为溶蚀速率；$P(x)$ 为裂隙壁面周长；$A(x)$ 为流动横截面积。

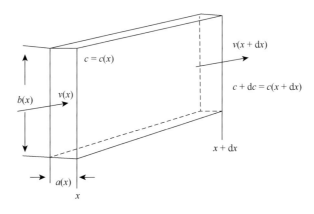

图 2-5　矩形均匀开度裂隙示意图

简单地说，周长为 $P(x)$ 的裂隙壁面上溶蚀的方解石量等于通过横截面积为 $A(x)$ 的流动所携带的方解石量。根据连续性方程，沿管道的恒定流量为

$$Q = v(x)A(x) \tag{2-16}$$

对式（2-15）进行积分，可得

$$Q\int_{c_0}^{c} \frac{\mathrm{d}c}{F(c)} = \int_0^x P(x)\mathrm{d}x \tag{2-17}$$

式中，$c_0$ 是 $x = 0$ 处的 $Ca^{2+}$ 浓度。

由此可知，浓度 $c$ 是关于 $x$ 的函数。采用哈根-泊肃叶（Hagen-Poiseuille）的层流方程，定义流动阻力 $R$ 为

$$R = \frac{12\eta}{\rho g}\int_0^l \frac{\mathrm{d}x}{a^3(x,t)b(x,t)M_0(x,t)} \tag{2-18}$$

式中，$\eta$ 是水的动力黏度；$\rho$ 是水的密度；$g$ 是重力加速度；$M_0$ 是一个几何系数，取决于 $b/a$ 的值。对于矩形和椭圆形截面，$M_0$ 的值为 $0.3\sim1$：

$$M_0 = \begin{cases} 1.0 - 0.6 \times a/b, & \text{矩形} \\ 0.6 - 0.3 \times a/b, & \text{椭圆形} \end{cases} \tag{2-19}$$

流量 $Q$ 为

$$Q = h/R = il/R \tag{2-20}$$

式中，$h$ 表示水头；$i$ 表示沿流道的水力梯度，$i = h/l$。为了计算 $Q(t)$，我们从最初的均匀裂隙开始，可以计算出 $t = 0$ 时的 $R_0 = R(0)$。为了获得裂隙开度 $a(x,t)$、裂隙宽度 $b(x,t)$ 和流量 $Q(t)$ 随时间变化的曲线，我们采用迭代程序。如果 $a(x,t)$ 和 $b(x,t)$ 在 $t$ 时刻已知，则在足够短的时间步长后，它们由以下公式给出：

$$\begin{cases} a(x, t+\Delta t) = a(x,t) + 2\gamma\tilde{F}(x,t)\Delta t \\ b(x, t+\Delta t) = b(x,t) + 2\gamma\tilde{F}(x,t)\Delta t \end{cases} \tag{2-21}$$

式中，$\gamma = 1.177 \times 10^9 \mathrm{cm}^3/(\mathrm{s\cdot mol\cdot a})$，是将溶蚀速率 $F(c(x,t)) = \tilde{F}(x,t)$ 从单位为 $\mathrm{mol/(cm^2\cdot s)}$ 的量转化为单位为 $\mathrm{cm/a}$ 的基岩退缩量；$c(x,t)$ 是 $t$ 时刻的浓度。当 $t = 0$ 时，$a(x, 0) = a_0$，$b(x, 0) = b_0$。根据式（2-18）可以计算出流动阻力 $R(0)$，并由式（2-20）得出 $Q(0)$。如果 $\Delta t$ 足够小，在$\Delta t$、$\tilde{F}$ 和 $Q$ 被视为恒定的时间内，对式（2-17）积分得到浓度分布函数 $c(x, 0)$。进一步根据式（2-21），可得时间为 $\Delta t$ 时的 $a(x, \Delta t)$ 和 $b(x, \Delta t)$。因此，沿裂隙的流量和开度随时间的变化可以通过迭代计算得出。

当侵蚀性水以层理状态通过宽度为 $0.005\sim0.1\mathrm{cm}$ 的狭窄裂隙时，石灰岩溶蚀速率受缓慢的化学反应 $CO_2 + H_2O \longrightarrow H^+ + HCO_3^-$ 和扩散性质量传输的限制。因此，$F(c)$ 遵循线性速率规律：

$$F(c) = \alpha(c_{eq} - c) = k_1(1 - \hat{c}) \tag{2-22}$$

式中，$\hat{c} = c/c_{eq}$。

动力学常数 $a$ 取决于溶液中的初始 $CO_2$ 浓度、温度和初始开度（$a_0$），并且在 $5 \times 10^{-3}$cm$<$ $a_0 < 1 \times 10^{-1}$cm 时几乎保持恒定。对于较大的 $a_0$，溶蚀速率也更加受扩散性质量传输的控制，此时 $k_1$ 必须替换为[95]

$$k_{\mathrm{D}} = k_1 \left[ 1 + k_1 a / \left( 6Dc_{\mathrm{eq}} \right) \right]^{-1} \tag{2-23}$$

式中，$D$ 是扩散系数，约为 $1 \times 10^{-5}$cm$^2$/s。

对天然石灰岩在 $CO_2$ 开放系统和湍流条件下溶蚀动力学的研究，还得到了高阶溶蚀速率的经验公式：

$$F_1(c) = k_{n_1} (1 - \hat{c})^{n_1}, \hat{c} < \hat{c}_{\mathrm{s}} \tag{2-24}$$

$$F_2(c) = k_{n_2} (1 - \hat{c})^{n_2}, \hat{c} \geqslant \hat{c}_{\mathrm{s}} \tag{2-25}$$

因此，在浓度 $\hat{c} \geqslant \hat{c}_{\mathrm{s}} (\hat{c}_{\mathrm{s}} = c_{\mathrm{s}} / c_{\mathrm{eq}})$ 处，$n$ 从 $n_1$ 切换到一个较高的值 $n_2$；$k_{n_1}$ 与 $k_{n_2}$ 的关系为

$$k_{n_2} = k_{n_1} (1 - \hat{c}_{\mathrm{s}})^{n_1 - n_2} \tag{2-26}$$

天然石灰岩的 $n_1$ 取值为 $1.6 \sim 2.1$，$n_2$ 取值为 $2.8 \sim 4.1$；$\hat{c}$ 取值为 $0.65 \sim 0.8$。速率常数的值约为 $1.8 \times 10^{-10}$mol/(cm$^2 \cdot$s)。在本章的模型中，我们使用以下溶蚀速率定律：对于层流条件和低于 $c_{\mathrm{s}}$ 的浓度，溶蚀速率分别由式（2-22）和式（2-23）给出。高于 $c_{\mathrm{s}}$ 的浓度，溶蚀速率由被抑制的表面反应决定，采用式（2-25）进行计算。该溶蚀速率定律也适用于湍流条件下与 $CO_2$ 封闭系统中的溶蚀过程。

为了得到浓度 $c$ 随 $x$ 的分布关系，$c$ 被剖分为多个段，每个段增量为 $\Delta c$。当 $c < c_{\mathrm{s}}$ 时，$\Delta c_{\mathrm{s}}$ 的范围被分为 $i_1$ 个增量，$\Delta c = c_{\mathrm{s}} / i_1$。当 $c > c_{\mathrm{s}}$ 时，$\Delta c_{\mathrm{s}}$ 的范围被分为 $i_2$ 个增量，$\Delta c = (c_{\mathrm{eq}} - c_{\mathrm{s}}) / i_2$。浓度从 $c$ 增加到 $c + \Delta c$ 的长度 $\Delta x$ 由以下公式给出：

$$\Delta x = Q \Delta c / [F(c) P(x)] \tag{2-27}$$

通过该程序，保证元素的长度 $\Delta x$ 被正确选择，以避免 $\Delta c$ 的数值过大而导致的数值问题。尤其是在靠近入口的地方，溶蚀速率可以在极短的距离 $\Delta x \approx 10^{-3}$cm 内发生一个数量级的变化。因此，$x \sim x + \mathrm{d}x$ 范围的溶蚀速率 $\tilde{F}(x)$ 的平均值可能会出现较大误差，导致 $c$ 更快地达到平衡，并最终产生一定程度的过饱和。

## 2.3.2　单裂隙溶蚀演化模拟结果

图 2-6、图 2-7 和图 2-8 显示了一个典型圆形管道的模拟结果，其参数采用了自然界中常见的典型参数，管道长度 $l = 10^5$cm，水力梯度 $i = 5 \times 10^{-2}$，$a_0 = 0.04$cm，$b_0 = 0.04$cm，$c_{\mathrm{eq}} = 2 \times 10^{-6}$mol/cm$^3$。一阶速率常数 $k_1$ 是根据封闭系统条件的实验数据[式（2-22）]选择的；$k_4$ 是式（2-26）计算出来的。因此，$k_1 = 4 \times 10^{-11}$mol/(cm$^2 \cdot$s)、$n_1 = 1$、$n_2 = 4$，以及 $\hat{c} = 0.7$。温度设定为 10℃。图 2-6 说明了它们的分布情况。在演化的早期，达到 $c_{\mathrm{s}}$ 的速度非常快，导致四阶溶蚀速率实际上是沿裂隙的整个长度主导了溶蚀过程，裂

隙的开度随着时间的推移缓慢增加。因此，流量逐渐增加，图 2-7 中对此进行了显示。最后，经过漫长的时间，管道出口被充分拓宽，通过增加流量来拓宽裂隙的正反馈机制加速，一阶溶蚀速率沿管道的输出端迅速增加。结果，流量急剧增加，流动变为湍流。定义突破时间 $T$，$Q(T)/Q(0) \geqslant 10^3$。超过这一时间，湍流发生，层流流态结束。突破后不久，浓度迅速接近零，管道沿整个长度的溶蚀速率约为 0.1cm/a。图 2-8 中展示了不同时间下沿管道的浓度 $c(x, t)$ 曲线。在突破时间 $T$ 之前，$c(x, t)$ 上升非常快，并在与管道长度相比很短的距离内，达到接近饱和的值。这也证明了缓慢的高阶溶蚀速率主导着整个管道的溶蚀行为。出口处的浓度 $c(l)$ 随时间缓慢下降。最终，它下降到 $c_s$，此时快速的一阶溶蚀动力学在整个管道长度上起主导作用。突破后，浓度在极短时间内沿管道的整个长度渐进地接近零。

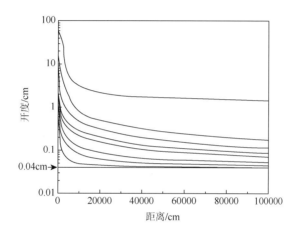

图 2-6　单裂隙管道开度沿其长度方向的演化

注：剖面演化的时间从下到上分别为 1000a、5000a、10000a、15000a、16000a、17000a、17300a 和 17400a；
在 17300a 时，一阶溶蚀动力学前缘到达出口，此后开度迅速增加

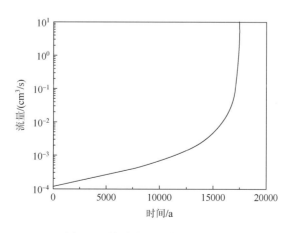

图 2-7　单裂隙出口流量的演化

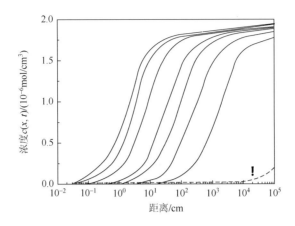

图 2-8　随时间变化的浓度 $c(x, t)$ 曲线

注：曲线从左到右对应的时间分别为 1000a、5000a、10000a、15000a、16000a、17000a 和 17300a；感叹号处虚线（17400a 曲线）所对应的浓度值被放大了 10 倍

## 2.4　一维简化单裂隙与二维单裂隙溶蚀模型的差异

2.3 节介绍了单裂隙中岩溶管道的演化规律。这些研究的反应动力学均采用了非线性规律，其中包含一个临界浓度，它能触发反应速率的显著降低。然而，这些研究均基于简化一维裂隙溶蚀模型。初始裂隙被近似为两个平行平面，所有相关变量（如开度、流体体积流量和溶质浓度）仅取决于与入口的距离（图 2-9）。然而，真正的裂隙从来不是一维的。在此，我们将介绍 Szymczak 和 Ladd[19]于 2011 年发表的研究成果。该研究表明，即使裂隙开度的微小变化也不可避免地会导致反应前缘的不稳定，进而演变成高度聚合的溶蚀区域。因此，实际上，裂隙沿其开度方向均匀溶蚀这一假设是不准确的。对裂隙溶蚀的准确描述需要包含整个横向方向的开度变化。

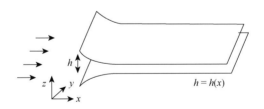

图 2-9　一维裂隙的溶蚀模型示意图

注：流体沿 $x$ 方向流动，裂隙面在法线（$z$）方向溶蚀；可假设裂隙面位于 $\pm h/2$

本小节讨论岩溶形成早期阶段的标准数学模型，该模型描述了地表水通过方解石裂隙流向较低地下水位的溶蚀过程。通过分析流体流动、反应物传输和裂隙面溶蚀的耦合方程，表明裂隙开度的演化本质上是一个二维过程，即使初始开度场在空间上是均匀的。

### 2.4.1　一维模型的流动和反应传输

在裂隙溶蚀研究中，尤其是洞穴形成的理论研究中，常使用单裂隙的一维模型。以图 2-9 为例，假设裂隙开度 $h(x, t)$ 仅取决于一个空间变量，即与入口的距离（$x$）。流量 $q(t)$ 则与位置无关：

$$q(t) = \frac{\Delta p}{r(t)} \tag{2-28}$$

式中，$\Delta p$ 是入口和出口之间的压力差；$r(t)$ 是综合流动阻力，$r(t) = 12\mu \int_0^L \frac{dx}{h(x,t)^3}$，$\mu$ 是流体的黏度；$L$ 是沿流动（$x$）方向的裂隙长度。

裂隙中 $Ca^{2+}$ 的浓度分布 $c(x, t)$，由对流-扩散方程描述：

$$q\frac{dc}{dx} - \frac{d}{dx}\left(hD_{xx}\frac{dc}{dx}\right) = 2R(c) \tag{2-29}$$

式中，$D_{xx}$ 是扩散系数；$R(c)$ 是溶蚀方解石的反应性通量。方程右边反应项中的 2 表示在两个裂隙面的溶蚀作用。假设入口水流是纯水，即 $c(0, t) = 0$；出口水流是饱和溶液，即 $c(L, t) = c_{sat}$。裂隙开度的演变是由局部反应性通量 $R(c)$ 决定的：

$$c_{sol}\frac{dh}{dt} = 2R(c) \tag{2-30}$$

式中，$c_{sol}$ 是固相的物质的量浓度。

### 2.4.2　一维模型的溶蚀过程和突破曲线

早期的岩溶理论假设溶蚀动力学是线性的：

$$R(c) = k(c_{sat} - c) \tag{2-31}$$

在这种情况下，饱和度以指数形式沿裂隙长度分布，$c_{sat} - c$ 到 $e^{-x/l_p}$，由此产生的渗透长度为

$$l_p = q/(2k) \tag{2-32}$$

由此可知，溶蚀主要发生在裂隙入口附近的一个狭窄区域（区域长度 $x$ 约为渗透长度 $l_p$），这限制了溶蚀管道的发育长度。根据上述数学模型，在裂隙碳酸盐岩层中，$l_p$ 通常小于 1m。而在天然岩溶环境中，实地观察到的岩溶管道有时长达几公里。这表明，线性反应动力学无法准确描述和预测天然岩溶管道的发育和演化过程。最可能的解释是矿物溶蚀速率在接近饱和时急剧下降。非线性"动力学触发"机制可以模拟该现象，即当浓度达到阈值 $c_{th}$ 时，动力学系数从线性动力学系数 $k$，转换为高阶动力学系数 $k_n$：

$$R(c) = \begin{cases} k(c_{sat} - c), & c \leqslant c_{th} \\ k_n(c_{sat} - c)^n, & c > c_{th} \end{cases} \tag{2-33}$$

上述非线性动力学导致浓度曲线在距入口一定距离处出现指数衰减（$c_{sat}$ 到 $x^{1/(1-n)}$）且裂隙在其整个长度上都会发生溶蚀。图 2-10 的插图显示了线性和非线性动力学的浓度曲线。在这些（以及随后的）计算中，我们采用了方解石溶蚀的典型参数值：$n=4$，$k=2.5\times10^{-5}$cm/s，$c_{sat}=2\times10^{-6}$mol/cm$^3$[16]。调整反应速率为 $k_4=k(c_{sat}-c_{th})^{-3}$，使 $R(c)$ 在 $c=c_{th}$ 时保持连续性，阈值浓度设定为 $0.9c_{sat}$。依据纯方解石的质量密度，固相中的物质的量浓度 $c_{sol}$ 取为 0.027mol/cm$^3$。

在此，我们取初始裂隙开度 $h_0$ 为 0.2mm，这意味着贝克莱数 $Pe=q_0/D$，与达姆科勒数 $Da=kh_0/q_0$ 的乘积约为 0.05。其中，$q_0$ 是裂隙中体积通量的初始值，溶质扩散系数 $D\approx10^{-5}$cm$^2$/s。$Pe=100$，$Da=5\times10^{-4}$。

图 2-10 显示了线性和非线性动力学的典型突破曲线。这些曲线是通过数值求解式（2-28）～式（2-30）得到的。初始裂隙流量约为 $10^{-3}$cm$^2$/s，对应的水力梯度为 0.01。渗透长度 $l_p\approx20$cm，远远小于裂隙长度（$L=20$m）。因此，在线性动力学下，裂隙开度的增长速度很慢，突破时间与裂隙长度成指数关系。在非线性动力学下，突破发生得更早，因为较慢的反应动力学允许反应物更深入地传输到裂隙中[13,14]。溶蚀的时间尺度可由入口处的裂隙开度的增加来描述，$h(0,t)=h_0+2ktc_{sat}/c_{sol}$。这不取决于动力学模型或裂隙尺寸。

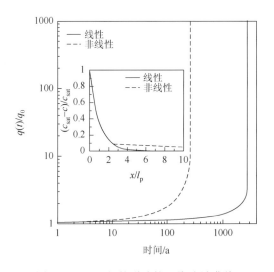

图 2-10　20m 长的裂隙的一维溶蚀曲线

定义裂隙入口处的初始开度增加一倍所需的时间为

$$\tau=h_0c_{sol}/(2kc_{sat}) \tag{2-34}$$

对于一个初始开度为 0.2mm 的裂隙，$\tau=5.4\times10^6$s（约 0.17a）。

### 2.4.3　二维模型的流动和反应传输

尽管一维模型简单且在数学上易于处理，但室内实验表明，裂隙溶蚀在大多数情况下在横向流动方向上是不均匀的，并表现出高度局部化的二维溶蚀模式。这种更复杂的行为背后的非线性动力学可以通过深度平均模型来解释。即流体速度和反应离子浓度是裂隙开度方向（图 2-9 中的 $z$ 方向）的平均值，但可以在横向（$y$）上变化。二维裂隙溶蚀是由流体体积流量 $q(x, y, t)$、深度平均的溶蚀固体浓度 $c(x, y, t)$ 和开度 $h(x, y, t)$ 的耦合方程描述的：

$$\begin{cases} \nabla \cdot \boldsymbol{q} = 0, \quad \boldsymbol{q} = -\dfrac{h^3}{12} \dfrac{\nabla p}{\mu} \\ \boldsymbol{q} \nabla \cdot c - \nabla \cdot (h\boldsymbol{D} \cdot \nabla c) = 2R(c) \\ c_{sol} \dfrac{\mathrm{d}h}{\mathrm{d}t} = 2R(c) \end{cases} \quad (2\text{-}35)$$

式中，$\boldsymbol{D}$ 是溶质扩散张量。均匀的浓度曲线不可避免地分解成更复杂的溶蚀模式，可以用式（2-35）描述。基于式（2-35）的模拟已成功预测人工裂隙中的大尺度断层或者层理面上的溶蚀管道形态[96]。在小尺度实验观察上，通常渗透长度 $l_p$ 与岩心长度相当，溶蚀形态更加均匀。为了捕捉这些精细的细节，有必要进行三维数值模拟，包括沿开度方向的流量和浓度变化[25]。

## 2.4.4　二维模型的溶蚀过程和突破曲线

这里采用了一个 20m×10m 的二维裂隙重复了图 2-10 所示的一维模拟，在原来的均匀开度（0.2mm）基础上叠加了一个波动非常小的随机开度场，其方差 $\sigma = 20$nm。图 2-11 中比较了一维和二维模型的流量随时间变化情况。二维模拟显示，与一维模型相比，突破时间明显缩短，这与前人的研究结果一致[21]。有趣的是，增加空间维度对突破时间的影响比反应动力学是否采用非线性触发机制的影响更大。在一维模拟中，非线性动力学

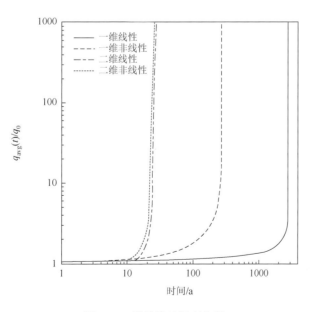

图 2-11　流量随时间变化图

将突破时间从 2800a 减少到 270a，减少了一个数量级。然而，在二维模拟中，无论反应动力学模型如何，突破时间都小于 30a。事实上，非线性动力学在这里只产生了很小的差别，将突破时间从大约 28a（线性）减少到 26a（非线性）。

从图 2-12 可以看出，维度是影响岩溶发育和演化至关重要的因素。最初均匀且平滑的溶蚀前缘逐渐演变为越来越集中的溶蚀区域，沿裂隙长度方向迅速推进，导致突破时间比相同条件下一维模型要早得多。聚合流动使溶蚀前缘的归一化欠饱和度升高，超过了非线性动力学的阈值。这解释了二维模拟中突破时间相对较小的差异的原因。在对裂隙溶蚀进行广泛的数值模拟研究过程中发现，如果裂隙长度 $L$ 与渗透长度 $l_p$ 相比足够大（即 $L \gg l_p$），那么溶蚀前缘总是不稳定的。

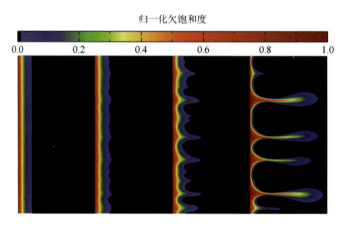

图 2-12　溶蚀性裂隙中的浓度曲线

注：按时间顺序绘制了归一化欠饱和度 $(c_{sat}-c)/c_{sat}$ 的等高线图（从左到右分别为 25℃、50℃、75℃和 100℃）

# 第 3 章　二维裂隙网络的初期岩溶演化：几何拓扑结构的影响

## 3.1　引　　言

岩溶含水层中的流体流动是高度非均匀的，通常表现出多层级水力结构。岩溶含水层中的大部分流动通常集中在少数几个高渗透性管道上，这些管道起初是由裂隙和层理面组成的裂隙网络的一部分，随后经过岩溶作用进一步溶蚀和扩展。岩溶管道的形成和演化受正反馈机制控制：初始流量越高的管道溶蚀作用越强，开度增长越快，而开度的增加反过来减小流动阻力，从而吸引更多来自邻近区域的流量[21, 97]。这种竞争过程始于具有溶蚀性的水进入岩体，直到一个优先扩展的管道完全形成。

为了研究碳酸盐岩岩溶管道的早期演化过程，如第 2 章所述，目前已有多种模拟溶蚀与流动正反馈机制的岩溶演化模型被提出。由于早期学者主要关注管道发展的物理过程，因此他们的模型的几何结构通常高度简化。例如，由两个正交裂隙组组成的网络[35, 60]，或采用不完全填充栅格网络[43]，这些随机生成的几何结构能够表征天然裂隙网络的长度和强度等几何性质。然而，这些研究在很大程度上忽略了天然裂隙系统所表现出的独特拓扑结构。

一般而言，岩石特性在很大程度上受裂隙网络的拓扑特性的影响[98]。根据裂隙的空间组织方式，即使两个裂隙网络包含相同几何元素，其连通性也可能大不相同，从而导致不同的流动模式[99]。裂隙网络的复杂连通性可能会形成显著的流动通道[100]，而早期基于简单裂隙网络的岩溶演化模型可能无法捕捉到这种聚合流动现象。

另一个可能影响溶蚀过程的拓扑参数是裂隙的连接类型，例如裂隙交叉处的邻接或交叉切割关系。裂隙连接类型决定了裂隙的配位数。配位数控制着通量/溶质的混合以及在交叉点的再分配[101-103]。在以往的岩溶演化模拟中，广泛使用的规则格点网络只包含配位数为 4 的交叉点。而在自然裂隙网络中，邻接连接更为普遍[104-106]，多数裂隙交叉处的配位数可能小于 4[107]。这意味着，在天然裂隙网络中进行溶蚀模拟并不是对早期基于规则网格研究的简单扩展，而是可能为自然系统中早期岩溶的发育提供新的视角。

在本章中，我们深入研究了天然裂隙网络的拓扑结构对碳酸盐岩的岩溶发育和演化过程的影响。这里采用的地质模型是基于野外石灰岩露头观测构建的离散裂隙网络结构。裂隙网络由一组贯通节理和一组随后形成的与该组贯通节理相邻的交叉节理组成。这种连接关系是自然节理网络中常见的代表性拓扑特征。在这样的网络拓扑结构下，当流动方向平行或垂直于较长的裂隙组时，会形成不同的流速场结构。各向异性的流动结构使我们能够更深入地研究天然网络拓扑结构对石灰岩溶蚀过程的影响。

# 3.2　裂隙网络岩溶演化模型

## 3.2.1　裂隙网络

本书使用的裂隙网络模型是比照位于英国布里斯托尔海峡盆地南缘 Kilve 地区的三叠纪石灰岩地层的天然裂隙网络描绘构建的[图 3-1（a）]。该裂隙网络模型是二维的，忽略了重力影响。裂隙网络由两个连接良好的主要裂隙组组成：一个是东西向"贯穿式"裂隙组（长裂隙组），另一个是由与东西裂隙邻接的小节理组成的南北向裂隙组（短裂隙组）。形成的梯形结构是天然节理网络中的一种典型层次结构形态[105][图 3-1（b）]。目前，该裂隙网络结构已广泛应用于裂隙储层中单相和多相流动及传输的数值模拟研究[108-112]。为了聚焦几何效应，本研究假设裂隙网络的初始开度在空间上是一致的。本研究采用了五个不同的初始开度值进行模拟：0.09mm、0.10mm、0.12mm、0.13mm 和 0.14mm。为了便于比较 $x$ 和 $y$ 方向的模拟结果，本研究只选择了整个露头裂隙网络[图 3-1（a）]右侧的一个 8m×8m 的区域作为模拟输入网络几何。该阶梯型拓扑结构引发了显著的各向异性流动特征，导致两个方向的流速场结构不同。

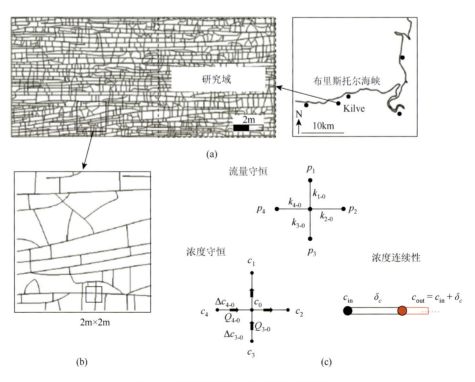

图 3-1　阶梯型拓扑结构裂隙网络模型

（a）根据英国布里斯托尔海峡露头绘制的天然裂隙网络；（b）裂隙网络几何形状的放大图；（c）裂隙网络中反映传输建模的基本原则

### 3.2.2　反应性传输模型

裂隙网络中的初期岩溶演化是流体流动、$Ca^{2+}$ 传输和裂隙开度溶蚀扩大的耦合过程。该过程采用基于裂隙网络的有限差分数值方法进行模拟求解[113][图 3-1（c）]。假定渗流仅发生在裂隙中，裂隙网络用线段离散化，每个段的开度可独立赋值。裂隙局部流速根据设定的开度计算，使用平行板层流泊肃叶（Poiseuille）方程[114]：

$$v = -\frac{a^2}{12\mu}\nabla h \tag{3-1}$$

式中，$v$ 为流速；$a$ 为水力开度；$h$ 为水头压力；$\mu$ 为流体的动力黏度。

在每个网格节点处，假定流体不可压缩，采用流量守恒条件[图 3-1（c）]求解数值网格中的裂隙流动：

$$\sum Q_{in} + \sum Q_{out} = 0 \tag{3-2}$$

式中，$Q_{in}$ 为流体流入的流量；$Q_{out}$ 为流体流出的流量。

反应性传输模型考虑了流体在流动过程中的溶蚀作用和溶蚀组分的演化与传输。扩散仅出现在垂直于裂隙壁面的方向上。当流体通过一段裂隙时，由于裂隙壁的溶蚀，其浓度增加量如下：

$$\Delta c = \frac{R(c)}{Q\Delta t} \tag{3-3}$$

式中，$R(c)$ 为反应速率；$Q$ 为流量；$\Delta t$ 为时间间隔。

裂隙网络中的溶质传输问题通过假设多段连接节点上的质量守恒来解决。假设溶液在节点上完全混合，在图 3-1（c）所示的裂隙网络结构中，中心节点的浓度 $c_0$ 通过流量加权公式计算：

$$c_0 = \frac{(c_3 + \Delta c_{3\text{-}0})Q_{3\text{-}0} + (c_4 + \Delta c_{4\text{-}0})Q_{4\text{-}0}}{Q_{3\text{-}0} + Q_{4\text{-}0}} \tag{3-4}$$

式中，$c_3$、$c_4$ 为周围节点的浓度，这些节点将流体转移到中心；$\Delta c_{3\text{-}0}$、$\Delta c_{4\text{-}0}$ 为流体从节点 3 和节点 4 流向中心节点时的浓度增量；$Q_{3\text{-}0}$、$Q_{4\text{-}0}$ 为两个分支相应的流速。

石灰岩的溶蚀过程由两个连续步骤控制：①表面反应；②$Ca^{2+}$ 通过扩散传输到主流区。较慢的过程决定整体溶蚀速率。当开度较小时，表面反应是限速过程。在这种情况下，溶蚀速率为[15, 16]

$$R(c) = k_1(c_{eq} - c) \tag{3-5}$$

式中，$k_1$ 为反应动力学常数；$c_{eq}$ 为平衡浓度；$c$ 为浓度。

尽管其他高阶动力学定律已在以往的数值研究中应用过[13]，然而，Szymczak 和 Ladd[19]的研究已证明，高阶动力学并非影响突破时间的主要因素，因此本研究采用线性动力学机制。当开度较大时，溶蚀速率受扩散限制，溶蚀速率可用以下表达式确定[44]：

$$R(c) = \frac{DSh}{a}(c_{eq} - c) \tag{3-6}$$

式中，$D$ 为 $Ca^{2+}$ 在水中的扩散系数；$a$ 为裂隙开度，$Sh$ 为舍伍德数；$c_{eq}$ 为 $Ca^{2+}$ 平衡浓度。

裂隙段的浓度 $c$ 由入口和出口节点的浓度平均值近似计算。模拟中使用的参数为：$D = 6.73 \times 10^{-10} m^2/s^{[14]}$，$Sh = 8^{[19]}$，$c_{eq} = 2mol/m^{3[16]}$。

假设溶蚀的质量均匀分布在长度为 $l$ 的裂隙段上，开度的增长量为

$$\Delta a = \frac{\Delta c Q \Delta t}{\rho_r l} \tag{3-7}$$

式中，$\rho_r = 2.7 \times 10^9 mg/m^3$，为岩石材料的密度。

### 3.2.3　岩溶网络演化特征

裂隙网络内溶蚀前缘扩展的不均匀程度可以通过流量关联维数 $D_2(q)$ 的时间演化来定量表征。对应广义分形维数 $D_i(i = 2)$ 定义为[115, 116]

$$D_i = \lim_{L \to 0} \frac{\lg \sum_{k=1}^{M} P_k^i}{\lg L} \tag{3-8}$$

其中，$i$ 为分形数；$P_k$ 为第 $k$ 个网格内的测量值与网格内测量值累积量的比值；$L$ 为网格元素（盒子）尺寸。一般来说，多重分形表征能够解释某一物理量在几何上的分布特征[115, 117]。分形维数的计算原理如图 3-2 所示。在本研究中，$D_2$ 的计算采用 $20 \times 20$ 的网格（每个网格长度 0.4m），因此 $L = 0.4m$；$P_k$ 对应于每个网格内流量的空间分布。关联维数此前已被用于定量分析裂隙网络的非均匀空间分布[118, 119]、裂隙网络位移[115] 以及流速场结构[64, 120, 121]。

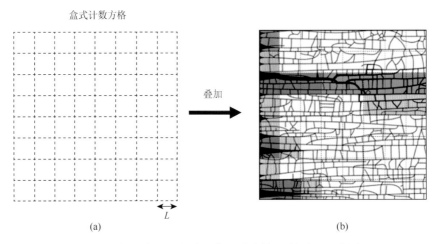

图 3-2　使用盒式计数法计算关联维数 $D_2$ 的原理示意图

注：系统被长度为 $L$ 的正方形网格覆盖；图中阴影的深浅对应于每个网格中测量值占整个系统测量值累积量的比例，网格颜色越深，比例越高

岩溶过程一旦开始，$D_2(q)$ 的值将逐渐下降，这是少数有利于溶蚀的岩溶管道形成导

致流量集中增强的结果。$D_2(q)$曲线的形状还可以进一步提供关于初始岩溶演化过程中的竞争机制的定量信息。通常情况下，$D_2(q)$曲线应呈单调递减趋势。然而，在特定情况下，$D_2(q)$值可能增大。在固定水力梯度下，$D_2(q)$曲线的最低点出现在第一个发育成熟的岩溶管道到达出口时。在此之后，如果总流量较小，$D_2(q)$值会增大，因为成熟岩溶管道中的压力会显著下降，导致溶蚀流体回流到其他未发育成熟的通道中，使其进一步扩展。这种回流过程可能导致流量分布更均匀，从而使 $D_2(q)$ 值增大。

## 3.3　数值模型的建立与结果分析

### 3.3.1　数值模型的建立

基于有限差分法，求解上述的反应性溶质传输模型。与先前针对单一裂隙溶蚀[20, 21, 54]和正交裂隙组网络溶蚀[18, 60]的研究不同，由于天然裂隙长度不等，无法采用统一的精确空间离散化方法。相反，我们在全局离散化中采用了 0.05m 的平均单元长度，每个裂隙段的单元数量通过将该段长度除以平均单元长度计算得出。为避免"数值饱和"，在距入口处前 0.1m 范围内采用更精细的网格离散（$dx = 0.01m$）[18]。这种空间离散化足以在初始渗透长度 $l_p$ 上分布约 10 个节点，以捕捉浓度场的快速变化[54]。

在所有流动模拟中，研究域的入口和出口均设置为恒定水头。两个正交边界则假定为无流动边界条件。在岩溶含水层的早期演化中，当系统内流量小于补给速率时，使用定水头边界是合理的[15]。在反应传输模拟中，假设流入边界的 $Ca^{2+}$ 浓度为零。本书中的研究采用准稳态近似法模拟溶蚀和流动的耦合过程[21, 122]。基于初始开度分布，计算稳态流速场、浓度场和反应速率。在每个溶蚀时间步长内，开度场根据反应速率进行调整。在计算裂隙开度增长量时，假设溶蚀的方解石量均匀分布，即不考虑单段开度的变化。

重复以上过程，直至出现突破或湍流。湍流的检测根据局部流速和水力开度进行。当区域内的任意裂隙段中首次出现雷诺数（$Re$）大于 2100 时，即判定为湍流。敏感性分析表明，$x$ 方向的模拟时间步长为 0.01a，$y$ 方向的模拟时间步长为 0.1a。进一步减小时间步长不会显著改变溶蚀模式和突破时间。

使用 3.2 节中描述的反应性溶质传输模型，对具有自然几何和拓扑特征的裂隙网络中的溶蚀进行系列模拟。为深入了解结构非均质性对天然裂隙网络中溶蚀模式的控制作用，我们关注三个最基本且最敏感的参数：反应性流动方向、水力边界条件和初始开度。

### 3.3.2　反应性流动方向的影响

图 3-3 显示了 $x$ 和 $y$ 方向模拟岩溶演化时的流量和裂隙开度的分布情况。当流动方向为 $x$ 方向时，增强的溶蚀主要集中在流向上的几个贯通裂隙中。在突破之前，发育的岩溶管道主要呈现线性特征[图 3-3（b）、（c）]。在靠近出口边界的最长管道上观察到了分支特征。相反，当流动方向为 $y$ 方向时，溶蚀形态的分支现象更显著，每个管道在横向

流动方向的发展极大增强[图 3-3（e）、（f）]。岩溶管道的开度变化范围减少到不到一个数量级[图 3-3（e）]。

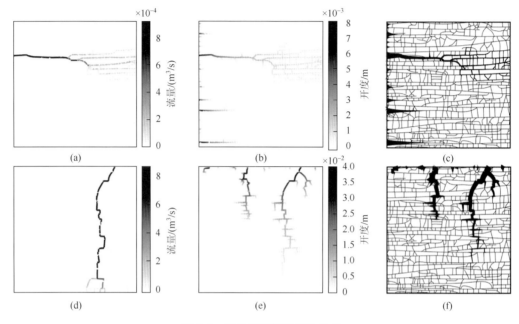

图 3-3　流量和裂隙开度的分布

（a）、（d）分别为 $x$ 和 $y$ 方向流动情况下的流量分布；（b）、（e）分别为 $x$ 和 $y$ 方向流动情况下的裂隙开度分布；（c）、（f）分别为 $x$ 和 $y$ 方向流动情况下，在突破时的归一化溶蚀形态（以初始开度为尺度）

图 3-4 展示了沿 $x$ 和 $y$ 方向的关联维数 $D_2$ 与时间 $t$ 的关系。在溶蚀开始之前，$D_2$ 值接近 2（图 3-4）。$D_2$ 值低于 2 的原因是结构非均质性导致二维空间内流动的不完全填充。图 3-4 中两条曲线的独特形状突出了裂隙网络拓扑结构对初始岩溶演化的影响。首先，$x$ 方向的突破时间比 $y$ 方向短得多（请注意图 3-4 的对数时间尺度）。其次，两个流动方向的 $D_2$ 曲线表现出不同的演化路径，表明岩溶演化过程中存在不同的竞争机制。

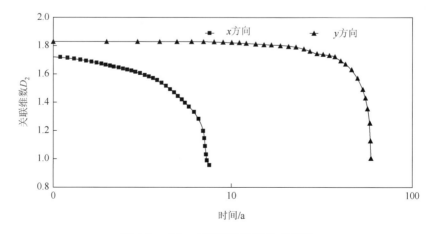

图 3-4　$x$ 和 $y$ 方向流动模型 $D_2$ 的演化

在 $x$ 方向的 $D_2$ 曲线上，可以观察到由不同斜率表示的三个阶段。在前 4 年中，$D_2$ 值较高，仅比岩溶过程开始时略有下降。在第二阶段，$D_2$ 值下降速度加快。在最后阶段，$D_2$ 值的下降速率最大。$D_2$ 值在突破口点接近 1，表明只有一条管道到达出口（图 3-3、图 3-4）。$D_2$ 曲线斜率逐渐增大的趋势表明，多个发育的岩溶管道之间存在持续的竞争过程。我们发现，$D_2$ 曲线斜率可能与竞争通道的数量（或它们之间的间距）有关：通常 $D_2$ 曲线斜率越大，流动路径越少。这一点通过一个人工裂隙网络进一步说明，其中裂隙开度用对数正态分布模拟（图 A-1，模型描述见附录 A）。$y$ 方向模拟的结果表现出不同的演变行为：在相当长的时间内（超过 60a），$D_2$ 曲线的斜率几乎没有变化。直到约 80a，$D_2$ 值仅下降了 0.1。在最后阶段，$D_2$ 值下降速率显著增大。在这两种情况下，演化的最后阶段对应于一个高度分层的流动结构，由一条承载大部分流量的主要路径、几条承载较少流量的次要路径和多条承载极少流量的次要路径组成[图 3-3（d）]。

### 3.3.3 水力边界条件的影响

在固定网络几何形状和初始裂隙开度的情况下，通过将出口水头固定在 0m，使进口水头 $h_{in}$ 在 0.4～1.0m 变化，形成一系列的水力梯度。图 3-5 显示了 4 个测试模型的突破时间流量分布，分别对应于 $x$ 和 $y$ 方向的流动。在 $x$ 方向流动的情况下，当水力梯度较小时（图 3-5，$h_{in}=0.4$m），模型上部出现一个优先流动路径。其他管道在到达模型域一半长度前即停止生长。随着 $h_{in}$ 的增加，主流管道溶蚀位置保持不变，而次级管道的发育程度增大，渗透更深（图 3-5，$h_{in}=0.6$m、0.8m）。当 $h_{in}$ 增加到 1.0m 时，区域底部的第二条管道充分发展并到达出口。突破时，总流量沿两个发展路径分布。值得注意的是，在较小的 $h_{in}$（0.4m 或 0.6m）的模拟中，次级管道的发育并不明显。

随着 $h_{in}$ 的增加，下游水力边界对管道溶蚀的影响发生变化。这一现象可以从图 3-6 中定量分析，图中展示了 4 个 $h_{in}$ 条件下的 $Ca^{2+}$ 饱和度曲线。图 3-6（a）中的虚线表示 $h_{in}=0.4$m 时，出口水力边界条件开始起重要作用的位置。虚线左侧，饱和度值较高，因为在该区域只有少数岩溶管道发育。在虚线右侧，出口水力边界条件引起的扩散溶蚀使平均低饱和度值大大下降。随着水力梯度增大，饱和度剖面的整体水平下降。扩散溶蚀扩大区域，较高 $h_{in}$ 值对应的饱和度值显著减小。此外，溶蚀物羽流开始在离入口较近的区域发展。

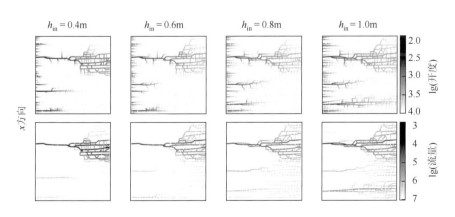

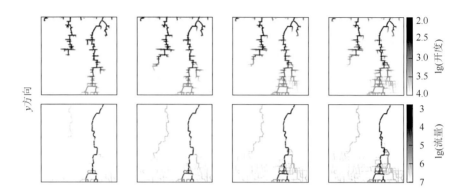

图 3-5　不同水头差的模型在突破时间的开度和流量对数分布

注：模型具有相同的初始裂隙开度，$a_0 = 0.12$mm

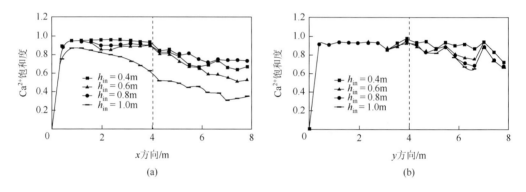

图 3-6　不同入口水头条件下的 $Ca^{2+}$ 饱和度曲线

如图 3-7 所示，$D_2$ 的变化进一步说明了 $h_{in}$ 对岩溶管道发展的影响。尽管每个模拟的初始流速因混合梯度不同而异，但初始流量的空间分布最初是相同的。4 个模型的初始 $D_2$ 值相同，也证实了这一点[图 3-7（a）]。然而，由于岩溶发育过程从 $x$ 方向开始，不同模拟模型的通量分布演变遵循不同路径。在 $h_{in} = 0.4$m 的模拟中，$D_2$ 值在下降前的较长时间内保持较高的水平。随着 $h_{in}$ 增加，$D_2$ 曲线在早期开始下降，最终值远远高于 1，表明不止一个管道发展到出口（图 3-5）。

当流动沿 $y$ 方向时，发育管道数量和位置对 $h_{in}$ 的变化不敏感（图 3-6）。在 4 种 $h_{in}$ 情况下，归一化曲线非常相似[图 3-7（d）]。此外，4 种情况下的 $D_2$ 曲线变化也非常相似[图 3-7（b）]，区别在于曲线下降至某一数值的速度。$h_{in} = 0.4$m 的 $D_2$ 曲线类似于 $h_{in} = 1.0$m 曲线在时间轴上的水平"拉伸"版本。总的来说，$y$ 方向模拟的溶蚀模式比 $x$ 方向更简单，尤其是在出口附近的区域。$y$ 方向模拟结果的一个明显特征是 $D_2$ 曲线上出现"阶梯"特征。这些特征在 $x$ 方向的模拟结果中并未出现。这与特定流动结构有关，相关内容将在 3.4.1 节中详细讨论。

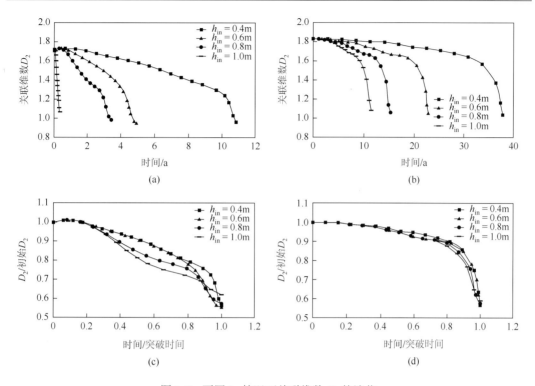

图 3-7　不同 $h_{in}$ 情况下关联维数 $D_2$ 的演化

（a） $x$ 方向流动；（b） $y$ 方向流动；（c）、（d）分别是（a）和（b）的归一化版本

## 3.3.4　初始开度的影响

将水力梯度 $h_{in}$ 固定为 1m，针对每个开度值，分别进行 $x$ 和 $y$ 方向的溶蚀模拟。图 3-8 展示了在 $x$ 方向和 $y$ 方向的溶蚀模拟结果。图 3-9 展示了这两种情况下 $D_2$ 的演化。

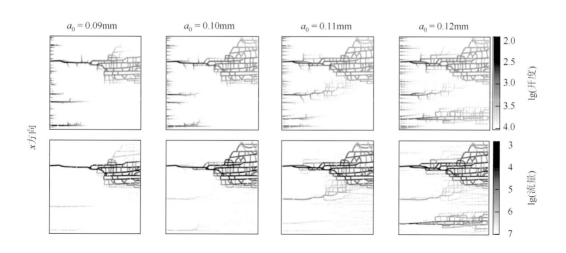

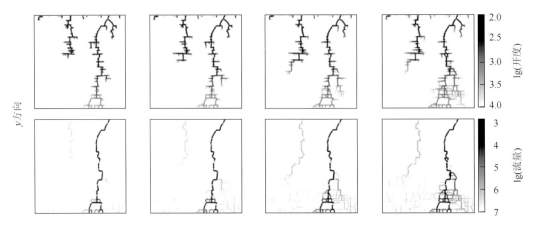

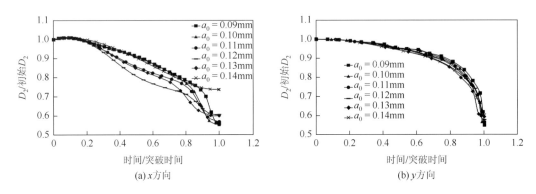

图 3-8　不同初始裂隙开度下 $x$ 和 $y$ 方向的模拟开度和流量对数分布

图 3-9　不同初始开度下沿 $x$ 和 $y$ 方向流动的溶蚀模型的 $D_2$（归一化）演化

当流动沿 $x$ 方向时，$a_0$ 的变化会显著影响最终的溶蚀模式。总的趋势是，较大的初始开度会导致更复杂的溶蚀模式，包括增加更多分支管道的数量（图 3-8，第一排图）。该观察结果与 Siemers 和 Dreybrodt[43]在不完全填充晶格上模拟溶蚀过程的发现一致。当 $a_0 = 0.09$mm 时，溶蚀程度最高的管道位于模拟域的上部，而位于下部的两个管道也在发展，但它们的渗透长度未超过模型域的一半。当 $a_0$ 增加到 0.10mm 和 0.11mm 时，最发育管道的位置保持不变，但下游观察到更多的分支形成。此外，随着 $a_0$ 的增加，次级溶蚀路径的相对范围明显扩大。当 $a_0 = 0.12$mm 时，位于下层模型边界上方 1m 处的管道发展并到达出口。然而，这条路径在较小 $a_0$ 的模拟中并未显示出增长的潜力（例如，$a_0$ 取 0.09mm 和 0.10mm）。不同的溶蚀行为通过不同 $a_0$ 下 $D_2$ 演化曲线的不同形状得到验证[图 3-9（a）]。

沿 $y$ 方向的溶蚀模拟中，管道增长对 $a_0$ 的变化表现出截然不同的响应。首先，主管道发展的位置在 $a_0$ 的测试范围内保持一致（图 3-8）。唯一的区别在于入口边界中间启动的次级管道的相对增长程度。较大的 $a_0$ 会导致次级管道的渗透长度增加。从图 3-9（b）可以看出管道演化的相似性，其中各种 $a_0$ 的 $D_2$ 演化形式高度一致。事实上，如果将曲线按突破时间（或相应的流量）进行缩放，它们将叠合成一条曲线[图 3-9（b）]。总的来说，开度变化的影响与改变 $h_{in}$ 的影响相似（图 3-5、图 3-7）。

## 3.4　裂隙拓扑与溶蚀演化

### 3.4.1　裂隙网络拓扑对早期岩溶演化的影响

根据岩溶发育的正反馈机制，可以直观地预测岩溶管道的发育位置与流动阻力最小的最短流动路径重合。然而，通过比较发现，仅在水流沿 $y$ 方向时，发育的管道与最短流动路径重合，而在流体沿 $x$ 方向流动的模拟中则不然（图 3-3、图 3-10）。在 $x$ 方向流动的模拟中，最发育的管道甚至与前 10 条最短路径中的任何一条均无关联[图 3-10（a）]。

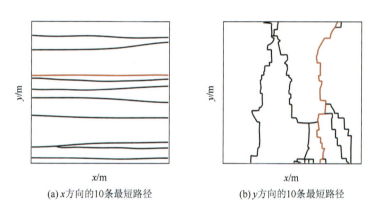

(a) $x$ 方向的10条最短路径　　　　　　(b) $y$ 方向的10条最短路径

图 3-10　发育位置与流动阻力最小的最短流动路径图

注：红色轨迹表示最短路径；在 $y$ 方向上有多条路径重合

岩溶管道在 $x$ 和 $y$ 方向的不同演化行为源于裂隙的不同拓扑特征，从而导致了不同的流动结构。实际上，对于两种流动方向，存在截然不同的特征流动组织模式（图 3-11）。当主流方向与长裂隙组的方向一致时，即在 $x$ 方向，长裂隙组是流体流动的主要路径，短裂隙组则在主要流动路径之间引起局部流动交换。这种局部的流动交换，在横跨长裂隙的方向上产生了浓度变化。尽管变化幅度较小，但由于相邻的流动路径之间的竞争，这种变化可能显著影响后续溶蚀的优先路径。因此，岩溶管道的形成不仅取决于初始设置，还在很大程度上依赖于演变过程中的浓度场变化。沿 $x$ 方向流动的溶蚀模式差异可能源于不同 $h_{in}$ 导致的初始渗透长度差异（详见附录 B）。相反，当主流向与短裂隙组一致时，即在 $y$ 方向，主要流动路径由短裂隙组和长裂隙组共同形成。流经裂隙网络时，

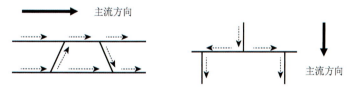

(a) 当主流方向沿长裂隙组时，即为 $x$ 方向　　　(b) 当主流方向沿短裂隙组时，即为 $y$ 方向

图 3-11　布里斯托尔海峡模式的网络拓扑结构引起的两种特征流动组织

一致时，即在 $y$ 方向，主要流动路径由短裂隙组和长裂隙组共同形成。流经裂隙网络时，侵蚀性水必须经过多个类似"T"形的裂隙连接。然而，发育中的岩溶管道之间的局部流动交换较少，因此，对其相连管道的持续增长影响较小。因此，流动阻力最小的流动路径将被选为岩溶作用的有利通道。

裂隙网络拓扑结构也是导致延迟突破的因素，同时在 $y$ 方向模拟的 $D_2$ 演化曲线上产生了"阶梯特征"。$D_2$ 曲线的周期性表明，控制岩溶演化过程的正反馈回路存在间歇性中断。为了说明这一现象，在每个时间间隔内，通过从上一时刻的流速中减去当前流速，计算每个裂隙段的流量变化。将网络中所有裂隙段的流量差值相加，计算该时间间隔的总流量变化。然后将模拟时间相对突破时间进行归一化，以便直接比较 $x$ 和 $y$ 方向模拟得到的数据集。图 3-12 展示了一个参数为 $a_0 = 0.09$mm 和 $\Delta h = 1$m 的模拟模型。可以看出，两条总流量变化曲线在向突破方向演化时存在显著差异。$x$ 方向模拟的演化曲线表现出随时间平滑变化，而 $y$ 方向模拟的演化曲线则展现出突变的波动特征，其周期性似乎与阶梯特征发生的周期性相关。图 3-13 展示了一系列与不同 $D_2$ 相关的流量变化分布。在 $x$ 方向流动时，发育管道内出现高流量变化[图 3-13（a）]。在整个进化过程中，所有发育管道的流量持续增加。唯一的区别在于长管道的流量增加幅度更大。然而，在 $y$ 方向进行溶蚀模拟时，通过"T"形节点，放大管道内的流量变化可能在"增加"和"减少"之间切换[图 3-13（b）]。对于时间为 17a、23a、28a 的模拟结果，流动和溶蚀之间的正反馈过程在主管道中被间歇性地中断。通过这种方式，较短的管道获得了额外的生长机会，因此与聚合流动逐渐增强的趋势相反（即保持高 $D_2$ 值）。这也解释了 $y$ 方向模拟中出现的延迟突破现象。

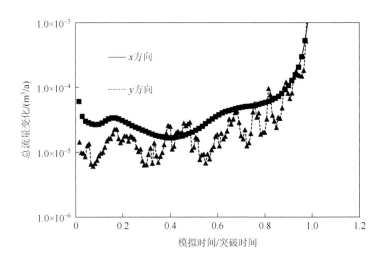

图 3-12　比较 $x$、$y$ 方向连续模拟步长的总流量变化

## 3.4.2　栅格网络溶蚀模拟和简单开度演化模型的关系

先前的裂隙网络管道生长研究主要基于两种模型：完全或部分填充的栅格网络[43, 44]，

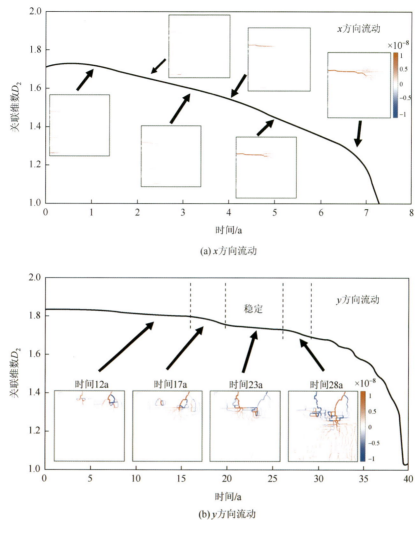

(a) x方向流动

(b) y方向流动

图 3-13　不同 $D_2$ 时的流量变化分布

注：图例表示流量变化，$m^3/a$

以及由两个贯穿模型域的正交裂隙网络[60, 122]。Bloomfield 等[123]进行了基于栅格网络的溶蚀模拟，采用简单生长规律。该模型假设开度增长速率与流动速率成正比，其开度增长系数为 0.2～0.8。这些模型通过给裂隙段分配变量开度（通常遵循独立的对数正态分布）来引入非均质性。结构化计算网格缺乏内在的结构非均质性，因此数值模型通常无法产生具有长程相关性的流速场。这导致网络内的流动组织方式类似图 3-11（b）所示。预期优势管道可能对应于沿施加水力梯度的最短路径通道。在此情况下，简单生长规律溶蚀模型可能模拟出与基于物理过程的溶蚀模型相似的溶蚀轨迹。这解释了 Hubinger 和 Birk[44]的研究结果：在栅格网络上，无论采用基于物理过程还是简单生长规律的模型，管道扩大均产生双峰开度分布。缺乏层次化流动结构可能导致类似溶蚀轨迹，进而产生类似图 3-11（b）的开度分布模式。由于溶蚀路径相似，两类模型在演化开度分布上的差异仅表现为定量而非定性的。然而，对于天然裂隙网络，基于物理过程的模型和基于简单生长规律的模型的差异预计将更为显著。这是因为在天然裂隙网络中的流动是遵循复杂的网络几何结构，呈现类似图 3-11（a）的分层组织特征。因此，基于简单生长规律的溶蚀模型可能无法准确表征天然裂隙网络的演化过程。值得注意的是，通过采用不完全填充网格[43]或叠加相关渗透率结构[17]，栅格模型可能在一定程度上重现相关流速场。然而，这些改进的栅格模型仍可能显著低估自然系统中裂隙的空间分布和组织特征，从而影响我们对自然岩溶过程物理机制的理解。因此，在将数值模型结果与地质现象关联时，必须充分考虑地质结构的几何和拓扑特征。

### 3.4.3　岩溶管道间距的尺度效应

从 3.3 节的模拟结果可以看出，天然裂隙网络中的岩溶化过程形成的溶蚀模式呈现出一般性关系：岩溶管道间的间距与岩溶管道长度成正比（图 3-5、图 3-6、图 3-8 和图 3-9）。这与先前观察到的多孔介质中蚓孔的形成[38]和单一裂隙中的溶蚀现象[25]一致。这表明线性稳定性分析[19]适用于表征管道网络中的一般溶蚀机制。模拟结果还表明，地质的复杂性可能导致比例常数的变化。当聚合流动由结构非均质性引起时（即反应性流动沿贯通裂隙方向发生；图 3-5 和图 3-8 上两排图），水力梯度或初始裂隙开度的改变可能会改变比例常数。然而，其值仍在 1～2，这与单一溶蚀裂隙的观察结果一致[54]。相比之下，当不存在优势流动通道时（即模拟中反应性流动沿与贯通裂隙搭接的短裂隙方向发生时；图 3-5 和图 3-8 下两排图），比例常数对初始模型参数设置的变化不敏感。

### 3.4.4　局限性和前景

在本章中，我们基于线性溶蚀动力学模拟了自然裂隙模式中的初始岩溶生成和发育过程。这种处理方式是合理的，因为在二维溶蚀模型中，流动聚集和发育管道之间的竞争是驱动岩溶管道生长的最重要机制[19]。此外，我们选择在正方形区域模型中进行模拟（图 3-1），以确保溶蚀过程保持在线性反应动力学主导的范围内。对于高纵横比模型，可能需要采用高阶反应动力学。在这种情况下，非线性动力学对于维持管道的增长至关重要，因为当优势发育管道的长度达到模型纵向尺寸时，发育管道之间的竞争会将大部分流量集中到单一管道中。我们的研究局限于岩溶化的初始阶段，此时流体流动处于层流条件下。要研究突破时间后岩溶网络的演化，需要求解非线性的达西-魏斯巴赫（Darcy-Weisbach）流动方程[43]。另一种方法是采用全范围管流模型，以避免在层流和湍流条件之间切换[33, 124]。湍流的开始会导致给定管道中流速的降低[27]。

本研究模型限制在 8m×8m 的小区域内。这一选择是为了在确保技术精度的同时提高效率，因为模型采用了精细的离散化方案（入口附近的裂隙段为 0.01m，其余为 0.1m）。本研究的主要目标是展示所提出模型在生成真实岩溶管道网络方面的潜力和效率。总体而言，本研究中呈现的扩大管道的地貌特征和管道网络的层次结构与自然界观察到的情况接近。如果有可靠的裂隙数据（如主要裂隙组的方向、密度、长度和开度），这种方法可以扩展到更大尺度，以研究岩溶流域的演化。在区域尺度上，本研究中使用的固定水力梯度边界条件在初始阶段可能仍然有效。随着岩溶管道网络的发展，系统的排水能力增加。岩溶系统将从水力控制转变为流域控制。因此，需要在数值实现中将边界条件从固定水力梯度切换为补给通量[32,33]。此外，相比本研究中考虑的扩散补给边界，集中补给边界更为适合。

我们的二维模型可以被视为沿着层理面形成的管道网络，这些管道出现在相邻层中的近垂直节理与层理面的相交处。需要强调的是，这些模型与准三维模型有显著区别，后者由二维垂直离散裂隙网络构成（或者通过将我们的二维网络均匀延伸到第三维）。如果裂隙被模拟为二维离散平面，即使假设均匀的开度分布，也可能快速形成不均匀的溶蚀前缘，从而导致管道生长演变为三维过程。在这种情况下，必须采用三维离散化。类似 Kaufmann 和 Braun[7,24]的工作，我们的模拟代码可以采用德洛奈（Delaunay）三角剖分技术进行改进，以仅沿三维空间中相互连接的裂隙平面生成高效的计算网格。其他可考虑的因素，包括裂隙开度的非均质性和各向异性应力条件。

## 3.5　本章小结

本章讨论了基于离散裂隙网络的二维反应性运移模型和节理网络早期岩溶演化模拟。我们重点研究了裂隙网络拓扑结构对管道演变的影响。在模拟中，一个表现为阶梯模式的天然节理网络被用作几何模型。对水力梯度和初始裂隙开度进行了敏感性试验。对于多种参数组合，分别按照沿两个主要裂隙组的方向，对两个主要流动方向进行了溶蚀模拟。

研究结果表明，由几何复杂性引起的非均质性可能在碳酸盐岩裂隙介质岩溶发育过程的早期阶段起决定性作用。当流动方向与长而持续的裂隙组一致时（这些裂隙组在模型入口和出口之间提供直接连接），溶蚀主要沿长裂隙发生。然而，主要岩溶管道发育的位置并不对应模型中的最短路径。水力梯度和初始裂隙开度的变化可能显著改变溶蚀模式。相比之下，当流动方向与短裂隙组（这些短裂隙被长裂隙组截断）一致时，模型中的最短路径始终被选择为增强溶蚀的优先位置。由水力梯度和初始裂隙开度变化引起的管道演化和最终溶蚀模式的差异几乎一致。此外，当流动方向垂直于长裂隙组的方向时，我们观察到控制岩溶发育的正反馈机制出现间歇性中断。因此，突破事件的发生被严重推迟。这个结果凸显了网络拓扑结构对管道演化的重要影响。

# 第4章 二维裂隙网络的初期岩溶演化：开度 空间非均质性的影响

## 4.1 引　言

虽然目前对于二维裂隙网络的初期岩溶演化已有大量的研究，但是对裂隙含水层岩溶演化的地质控制因素的研究仍相对匮乏。其中，裂隙开度分布和结构对岩溶发育的影响尤为重要，决定了优势流动的区域和流动闭塞的区域。少数研究考察了裂隙开度空间非均质性对蚓孔形成的影响[21]。然而，这些研究所采用的开度变化模型仅基于理论统计规律。虽然对数正态开度分布可能足以用于蚓孔形成或管道网络演化机制的理论研究，但它们难以准确表征自然裂隙系统中的实际开度分布。

对地下数据的分析表明，自然裂隙系统中的流体流动通常呈层次分布。在裂隙群中，处于临界应力状态的裂隙往往主导流动[125]。裂隙岩体的渗流和传输特性在很大程度上取决于裂隙几何特征（密度、长度和方向）、裂隙开度和原位应力状态（应力大小和各向异性程度）。非均质的裂隙开度分布常导致显著的流动各向异性和聚合流动效应。原位条件下，应力可能通过改变裂隙开度来修改裂隙网络中的流动结构。前人研究表明，裂隙开度对正应力和剪应力载荷高度敏感[125]。应力依赖的流动模式可能进一步影响化学组分的运移，并改变水-岩相互作用的宏观行为[83]。如果裂隙网络受到高应力各向同性加载，裂隙倾向于闭合，将导致溶质到达时间延迟。然而，如果裂隙网络受到各向异性应力，由于剪切扩张引起的优先流动路径，可能会出现溶质提前到达的现象。

在第3章中，我们系统论证了裂隙网络拓扑结构在控制早期岩溶演化中的关键作用。本章将在此基础上，进一步扩展对二维天然裂隙网络的分析。我们将通过数值模拟地质力学变形、流体流动和溶蚀动力学，研究网络拓扑结构、应力加载配置和初始开度变化共同作用下产生的各向异性开度对早期岩溶形成的影响。本章研究采用顺序耦合的求解方案，首先采用地质力学模拟确定原位条件下的裂隙开度分布，之后采用反应性溶质传输模型开展岩溶发育和演化的数值模拟。这样我们能够全面考虑地质力学、水文地质和地球化学过程的相互作用，从而更准确地描述早期岩溶系统的演化过程。

## 4.2 地质力学下裂隙演化模型

### 4.2.1 天然裂隙网络

本章使用的裂隙网络与上一章相同，即源自英国布里斯托尔海峡盆地南缘 Klive 地区露头的三叠纪石灰岩层的天然节理网络（图 4-1）。该裂隙网络连通性良好，由两组主要裂隙组构成：东西走向的长裂隙组（E-W 裂隙组）和与东西裂隙邻接的小节理组成的南北向短裂隙组（N-S 裂隙组）。这种阶梯状模式代表了碳酸盐岩中天然节理网络的典型层级拓扑结构。

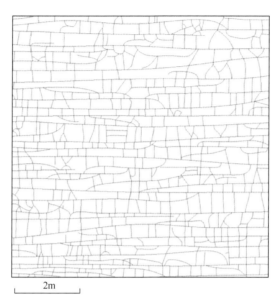

2m

图 4-1　根据英国布里斯托尔海峡露头绘制的天然裂隙网络（Belayneh 和 Cosgrove[126]）

## 4.2.2　地质力学产生的非均质裂隙开度分布

本章节中岩溶发育和演化模拟中使用的裂隙开度分布来自地质力学模拟。基于有限元-离散元混合方法（finite-discrete element method，FDEM）[127]，得到二维裂隙网络在原位应力条件下的变形响应，并计算得到非均质裂隙开度分布。地质力学模型采用同时考虑天然粗糙裂隙法向和切向载荷的裂隙本构方程，因此能较真实地捕捉岩体的变形、局部应力的变化，天然裂隙的位移及新裂隙的扩展[64]。

压缩引起的裂隙闭合是基于双曲关系计算的[125]：

$$v_n = \frac{\sigma_n v_m}{k_{n0} v_m + \sigma_n} \tag{4-1}$$

式中，$v_n$ 为法向闭合速率；$\sigma_n$ 为有效法向压应力；$k_{n0}$ 为初始法向刚度；$v_m$ 为最大允许闭合速率。$k_{n0}$ 和 $v_m$ 的值由 Barton 等[125]给出：

$$k_{n0} = -7.15 + 1.75\text{JRC} + 0.02 \times \frac{\text{JCS}}{a_0} \tag{4-2}$$

$$v_m = -0.1032 - 0.0074\text{JRC} + 1.1350 \times \left(\frac{\text{JCS}}{a_0}\right)^{-0.2510} \tag{4-3}$$

式中，$a_0$ 为初始开度，mm；JRC 为节理粗糙度系数；JCS 为节理抗压强度，MPa。

在法向压缩作用下的剪切过程中，裂隙首先由于粗糙面凸起的可压缩性而收缩，然后由于粗糙面的破坏而扩张[125]。扩张位移可以通过增量形式与剪切位移关联[128]：

$$dv_s = -\tan d_{mob} du \tag{4-4}$$

式中，$dv_s$ 是由剪切扩张引起的法向位移的增量；$du$ 是剪切位移的增量；$d_{mob}$ 是由 Olsson 和 Barton[128]给出的切向扩张角：

$$d_{mob} = \frac{1}{M} JRC_{mob} \lg\left(\frac{JCS}{\sigma_n}\right) \tag{4-5}$$

式中，$M$ 是由 Barton 和 Choubey[129]给出的破坏系数：

$$M = \frac{JRC}{12\lg\left(\dfrac{JCS}{\sigma_n}\right)} + 0.70 \tag{4-6}$$

通过无量纲表格分析，可以计算节理粗糙度系数 $JRC_{mob}$[125]。

在耦合法向和剪切载荷下的裂隙开度 $a$ 由 Lei 等[130]给出：

$$a = \begin{cases} a_0 + o, & \sigma_n < 0 \\ a_0 - v_n - v_s, & \sigma_n \geq 0 \end{cases} \tag{4-7}$$

式中，$o$ 是指在张力状态下裂隙壁面的间距。

### 4.2.3　流体流动和反应性传输

本章使用的二维裂隙网络流动和反应性传输模型与第 3 章的一致，模型描述请参考第 3 章。

## 4.3　数值模型的建立

在进行地质力学模拟之前，假设裂隙网络的初始开度分布服从对数正态分布，其平均值为 1mm，方差为 0（恒定初始开度）或 1（可变初始开度）。对数正态分布已通过许多现场观测得到验证。在可变初始开度情况下，模型中开度值以对数正态分布被随机赋值到 FDEM 模型中的裂隙段。在初始开度分布中，不考虑开度与其他几何属性（如裂隙长度或方向）之间的复杂相关性。然而，在地质力学模拟过程中，可能会出现与空间相关的、层次结构化的开度分布。对计算域施加正交的远场有效应力，并考虑两种不同的应力条件：①$S_x = 5.0\text{MPa}$，$S_y = 15.0\text{MPa}$；②$S_x = 15.0\text{MPa}$，$S_y = 5.0\text{MPa}$。对于可变开度的情况，计算每种应力加载配置下 10 次随机开度分布的数值模拟结果的平均结果。

通过地质力学模拟计算出的裂隙开度分布被用于岩溶发育和演化数值模拟。流动、传输和溶蚀的耦合基于准静态近似。在每个溶蚀时间步迭代求解稳态流动、物质传输和反应方程。裂隙的开度增长基于各裂隙段的反应速率进行计算。假设溶蚀的物质质量被均匀地分布在单个裂隙段内。当出现突破或非层流流动时，迭代过程停止。本章节考虑沿模型 $x$（E-W 裂隙组）和 $y$（N-S 裂隙组）两个方向的反应性物质传输。在求解流动和传输问题时，裂隙被离散化为最大长度为 0.1m 的小段。由于天然裂隙不一，无法应用完全统一的离散方法。因此，通过将每个裂隙的长度除以预先定义的平均段长 0.05m 来计算离散段数。为了避免"数值饱和"问题[18, 40, 54]，离入口 0.1m 范围内的裂隙采用更小的段长（0.01m）进行网格划分。此外，模拟采用了足够小的时间步长 $\Delta t = 0.01a$。为了使不同开度分布模型的突破时间具有可比性，通过调整裂隙网络两侧的水力梯度，将所有模型的初始裂隙流量固定为 $5 \times 10^{-7} m^2/s$。在本章的研究中，假设裂隙面溶蚀在岩溶发育过程中起主导作用，忽略压力溶蚀效应[131]。

模拟中使用的流体和岩石属性设定如下：石灰岩密度为 $2700 kg/m^3$，杨氏模量为 30.0GPa，泊松比为 0.27，内摩擦系数为 0.6，抗拉强度为 4.0MPa，黏聚力为 8.0MPa，模式 I 和模式 II 的能量释放率分别为 $20.0J/m^2$ 和 $100.0J/m^2$，残余摩擦系数为 0.6，节理粗糙度系数 JRC 为 15，节理抗压强度 JCS 为 120MPa。此外，$Ca^{2+}$ 的扩散系数为 $6.73 \times 10^{-10} m^2/s$，层流的舍伍德数 $Sh$ 为 8，$Ca^{2+}$ 的平衡浓度为 $2mol/m^3$。

# 4.4　数值模拟结果

以下介绍不同应力环境非均质开度分布下天然裂隙网络中初期岩溶发育和演化的数值模拟结果。首先介绍均质初始开度分布模型的情况，然后介绍非均质初始开度分布模型的情况。这两种情况的初始开度平均值相同，均为 1mm。

## 4.4.1　均质初始开度模型

在溶蚀发生之前，不同应力条件下裂隙网络的开度分布如图 4-2 第一排图所示。裂隙开度根据无应力加载情况下的裂隙网络的平均开度（即 1mm）进行归一化。当 $S_x = 5MPa$ 和 $S_y = 15MPa$ 时，裂隙网络的开度分布总体上有所减小，且结果显示开度分布较为均匀。相比之下，当 $S_x = 15MPa$ 和 $S_y = 5MPa$ 时，若干东西向贯通裂隙由于剪切扩张效应表现出明显的开度增大。

图 4-2 第二、三排图展示了沿 $x$、$y$ 方向的反应性流动在突破时的裂隙开度分布。当反应性流动沿 $x$ 方向发生时，在无应力加载情况下，两个主要的管道网络向出口发展。由于施加了恒定水头边界条件，这些管道网络在下游呈扇形扩展。在两种各向异性应力加载情况下，虽然仅发育出一条导水管道路径，但其结构形态在两种应力条件下有所不同。在 $S_x = 5MPa$ 和 $S_y = 15MPa$ 的应力条件下，管道结构与无应力情况下模型下部区域发育的管道网络相似，而在 $S_x = 15MPa$ 和 $S_y = 5MPa$ 的应力条件下，发育的管道网络规模要大得多，且多个管道接近入口区域，即左边界。在这种情况下，发育的管道的位置与剪切诱导的具有较大开度的优先流动路径相吻合。当反应性流动沿 $y$ 方向发生时，在无应力条件下，多个管道网络在模型域的中部发育，其中一个扩展较大的管道到达出口，而出口处也表现出扇形扩展的特征。在 $S_x = 5MPa$ 和 $S_y = 15MPa$ 的应力条件下，最发育的管道网几何形态与无应力条件下相似，仅在下游侧观察到细微的差异。与无应力条件下相似位置处发育的管道相比，其他管道网络的规模明显较小。在 $S_x = 15MPa$ 和 $S_y = 5MPa$ 的应力

条件下，特别是在出口附近，我们观察到更大范围的高度溶蚀的裂隙。这是由于横向方向上存在发生了显著剪切扩张的弯曲长裂隙。然而，在三种应力条件下，最发育的管道在上部区域的轨迹相似。

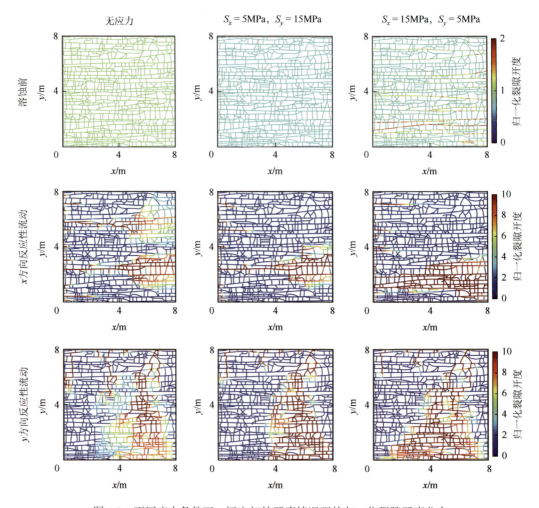

图 4-2　不同应力条件下，恒定初始开度情况下的归一化裂隙开度分布

通过绘制裂隙开度的概率密度函数（probability density function，PDF）曲线，进一步分析不同应力条件下裂隙开度分布的演化行为（图 4-3）。当反应性流动沿 $x$ 方向发生时，两种应力条件下的开度 PDF 曲线表现出显著差异。当 $S_x = 5$MPa 和 $S_y = 15$MPa 时，中间生长阶段（即总模拟步长的一半）的开度 PDF 曲线相较初始状态有所扩展，出现了一些较大的开度值。在突破时，开度 PDF 曲线进一步扩展，并出现一个平台。最大开度值增加至30mm 以上。当 $S_x = 15$MPa 和 $S_y = 5$MPa 时，开度 PDF 曲线在中间阶段仍然集中于初始平均值附近。然而，开度 PDF 曲线在峰值和 10mm 之间的开度值范围内扩展更为显著。此外，没有出现孤立的大开度值。在突破时，开度 PDF 曲线向较大值方向延展，且高值域更宽。然而，当反应性流动沿 $y$ 方向发生时，两种应力条件下开度 PDF 曲线的演化行为非常相似。

在突破时，开度 PDF 曲线也呈现出相似的形态，尽管在 $S_x = 15MPa$ 和 $S_y = 5MPa$ 的应力条件下，由于剪切剪胀效应，右侧峰值更加突出。

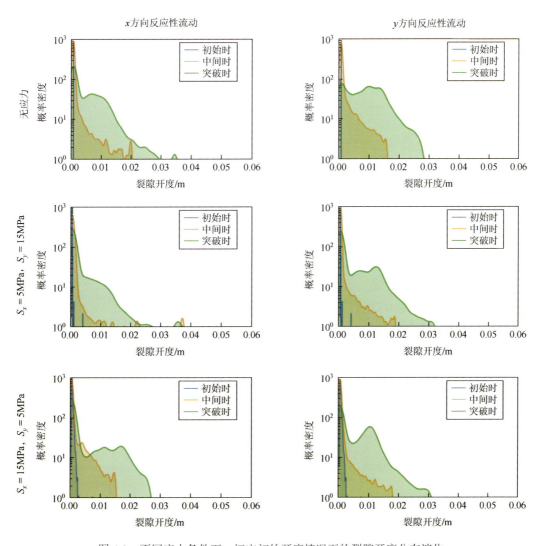

图 4-3　不同应力条件下，恒定初始开度情况下的裂隙开度分布演化

图 4-4 展示了在不同应力条件下初始和突破时刻的流速场。当反应性流动沿 $x$ 方向发生时，在无应力条件下，初始流速场相当均匀[图 4-4（a）]。当 $S_x = 5MPa$ 和 $S_y = 15MPa$ 时，流速场仍然相对均匀。然而，由于压缩引起的裂隙闭合，流量有所减少[（图 4-4（b）]。当 $S_x = 15MPa$ 和 $S_y = 5MPa$ 时，由于剪切作用引起的开度扩张效应，沿两条弯曲长裂隙出现了流动集中现象，且流速高度相关，这些裂隙优先沿最大主应力方向分布[图 4-4（c）]。在突破时，在所有应力条件下都发生了溶蚀导致的流动集中，形成了连接入口和出口的主流通道[图 4-4（d）～（f）]。对于无应力条件[图 4-4（d）]和 $S_x = 5MPa$、$S_y = 15MPa$ 的应力条件[图 4-4（e）]，溶蚀前的流速场与突破时的流速场之间没有明显的关联，而对于

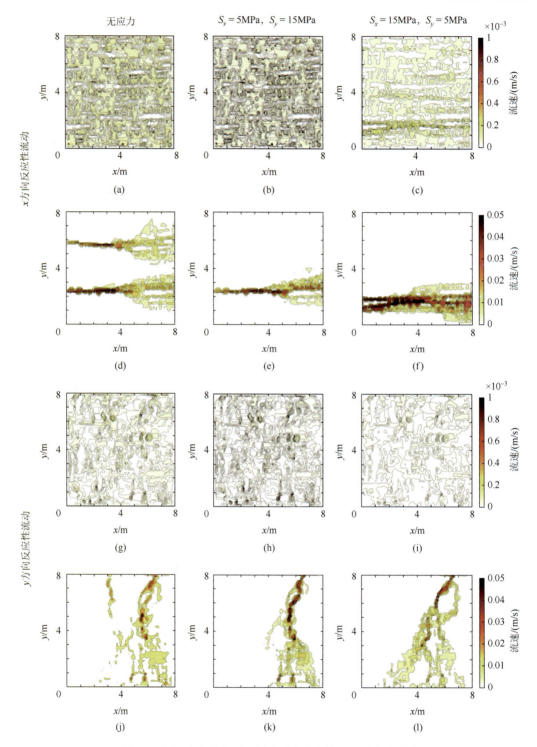

图 4-4　不同应力条件下，恒定开度分布情况下的流速分布

（a）～（c）溶蚀前 x 方向反应性流动；（d）～（f）沿 x 方向反应性流动的突破情况；（g）～（i）溶蚀前 y 方向反应性流动；
（j）～（l）沿 y 方向反应性流动的突破情况

$S_x = 15\mathrm{MPa}$ 和 $S_y = 5\mathrm{MPa}$ 的应力条件[图 4-4（f）]，突破时出现的高流速路径与溶蚀前的集中流动结构明显相关。当反应性流动沿 $y$ 方向发生时，观察到不同的流动演化行为。在初始时刻，三种应力条件下的流速场较为相似[图 4-4（g）～（i）]。$S_x = 5\mathrm{MPa}$ 和 $S_y = 15\mathrm{MPa}$ 应力条件下的流速场表现出略高的非均匀性[图 4-4（h）]。在突破时，无应力条件[图 4-4（j）]和 $S_x = 5\mathrm{MPa}$、$S_y = 15\mathrm{MPa}$ 应力条件[图 4-4（k）]下的流动结构相似，而在 $S_x = 15\mathrm{MPa}$ 和 $S_y = 5\mathrm{MPa}$[图 4-4（l）]的应力条件下，由于高度扩张的裂隙促进了溶蚀的横向扩展，流动路径仅在下游有轻微差异。在所有情况下，出现的主流通道的位置与初始高流速通道的位置一致。

通过突破曲线的演化模式，进一步分析原位应力和裂隙网络几何结构对岩溶生成的交互影响。如图4-5 所示，当反应性流动沿 $x$ 方向发生时，突破时间在不同应力条件下差异显著。在 $S_x = 15\mathrm{MPa}$ 和 $S_y = 5\mathrm{MPa}$ 的应力条件下，突破时间比无应力条件下早几十年。相反，在 $S_x = 5\mathrm{MPa}$ 和 $S_y = 15\mathrm{MPa}$ 的应力条件下，突破时间则推迟了几十年（图 4-5）。如果反应性流动沿 $y$ 方向进行，两种非零应力条件下的突破时间相似（即在研究示例中为 28a），晚于无应力条件下的突破时间。

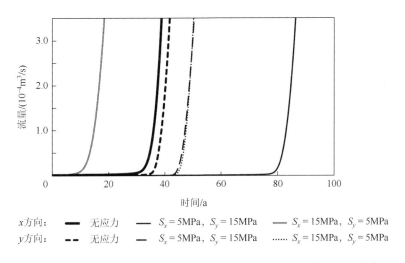

图 4-5　在初始裂隙开度分布不变情况下各种应力加载条件的突破曲线

## 4.4.2　非均质初始开度分布模型

图 4-6 展示了不同应力条件下，初始裂隙开度为对数正态分布（均值为 1mm，方差为 1）时的归一化裂隙开度空间分布。初始开度场的高变化性往往会掩盖应力引起的开度变化。与初始开度恒定的情况相比，即使在各向异性应力条件下，也难以直观地观察到开度相关的优先通道。对裂隙开度概率密度函数（PDF）的定量比较显示，各应力条件下仅有轻微差异。在 $S_x = 15\mathrm{MPa}$ 和 $S_y = 5\mathrm{MPa}$ 的应力条件下，PDF 曲线稍微向较大开度值扩展，这是由于剪切膨胀引起的开度增加被压缩闭合所抵消。

图 4-6 展示了 $x$ 和 $y$ 方向上反应性流动突破时刻的裂隙开度分布，而相应的概率密度

如图 4-7 所示。当反应性流动沿 $x$ 方向发生时，在无应力加载的情况下只发育一个导水管道网络，这与恒定初始开度的情况有所不同（图 4-2、图 4-6）。应力效应也在裂隙开度的 PDF 曲线中显而易见，在 $S_x$ = 15MPa 和 $S_y$ = 5MPa 的应力条件下，裂隙开度向较大值扩展，这是由于扩张裂隙导致更快的溶蚀（图 4-7）。当反应性流动沿 $y$ 方向发生且无应力加载时，入口附近最发育的管道网络位置与恒定初始开度的情况类似，但接近出口时有所不同，在两种各向异性应力情况下，发育的导水管道网络非常曲折，且位于模型域的不同区域。在 $S_x$ = 15MPa 和 $S_y$ = 5MPa 的应力条件下，形成更多中间开度（如 5～20mm），而在 $S_x$ = 5MPa 和 $S_y$ = 15MPa 的应力条件下，较大开度（如>20mm）则更常见（图 4-7 下图）。

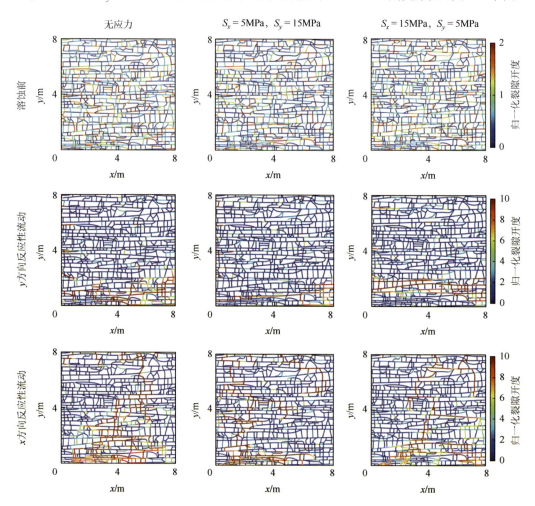

图 4-6　不同应力条件下，初始裂隙开度可变情况下的归一化裂隙开度分布

不同应力条件下初始和突破时的流速分布如图 4-8 所示。当反应性流动沿 $x$ 方向发生时，由于初始裂隙开度的差异性，在无应力加载的情况下，出现了高度异质的流动模式[图 4-8（a）]。当 $S_x$ = 5MPa 和 $S_y$ = 15MPa 时，网络流动组织形态相比无应力加载的情况变化不大，只是数值降低[图 4-8（b）]。当 $S_x$ = 15MPa 和 $S_y$ = 5MPa 时，网络中

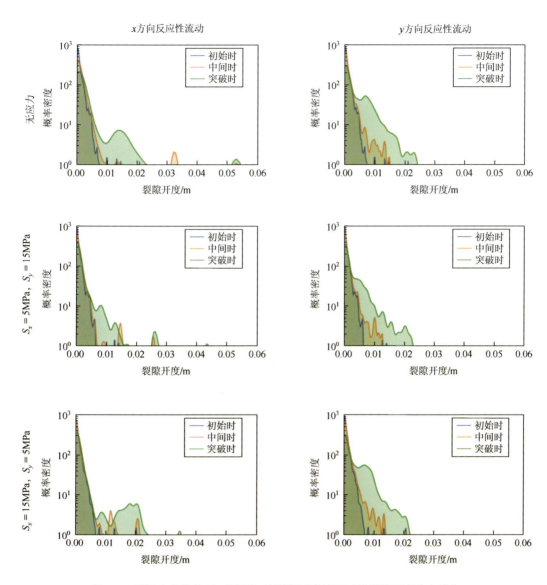

图 4-7　不同应力条件下，不同初始裂隙开度情况下的裂隙开度分布演化

出现了显著流动聚集特征的高度非均质流速[图 4-8（c）]。总的来说，发育的流动管道主要对应于裂隙网络中表现出空间流动组织相关性的部分[图 4-8（d）～（f）]。当反应性流动沿 $y$ 方向发生时，无应力加载的初始流速场比相应的恒定初始裂隙开度情况的非均质性更强[图 4-8（g）]。各向异性应力加载导致更高的流动非均质性和更强的高流速相关性[图 4-8（h）、（i）]。在发育的导水管道网络中，高流速通道的位置与初始相关的高流速区域非常吻合[图 4-8（j）、（k）、（l）]。此外，在初始裂隙开度可变情况下，最发育导水管道网络的位置与初始裂隙开度恒定情况下受网络几何控制的导水管道的位置不同，表明裂隙网络、开度变化和原位应力之间的相互作用对岩溶生成有重要影响。

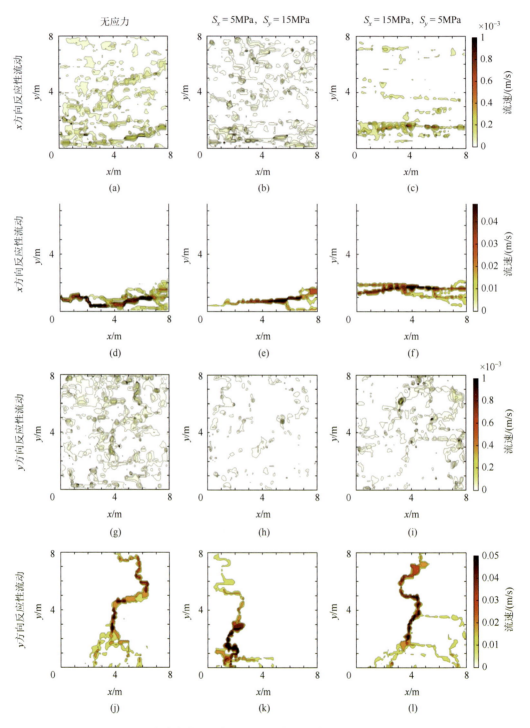

图 4-8　不同应力条件下，初始裂隙开度呈对数分布情况下的流速分布

（a）～（c）溶蚀前 $x$ 方向的反应性流动；（d）～（f）沿 $x$ 方向反应性流动的突破情况；（g）～（i）溶蚀前 $y$ 方向的反应性流动；
（j）～（l）沿 $y$ 方向反应性流动的突破情况

基于突破曲线，进一步分析应力加载对岩溶生成的影响。使用误差图展示了基于 10 组随机初始开度分布模拟的每种应力条件下的平均突破时间及其范围（图 4-9）。当反应性流动发生在 $x$ 方向时，$S_x = 15\text{MPa}$ 和 $S_y = 5\text{MPa}$ 条件下各向异性应力加载，相比之下，$S_x = 5\text{MPa}$ 和 $S_y = 15\text{MPa}$ 应力条件下的平均突破时间与无应力情况相似，但前者的数值范围更大。当反应性流动沿 $y$ 方向发生时，所有应力条件下的突破时间都比 $x$ 方向反应性流动的情况短得多（图 4-9）。平均来看，无应力条件和 $S_x = 5\text{MPa}$、$S_y = 15\text{MPa}$ 应力条件下的突破发生时间比 $S_x = 15\text{MPa}$ 和 $S_y = 5\text{MPa}$ 应力条件下要晚，尽管差异较小（仅几年的差距）。总体而言，不同应力加载条件下 $y$ 方向反应性流动的突破时间差异比 $x$ 方向反应性流动的情况小得多，这与恒定初始裂隙开度情况下的观察结果类似。

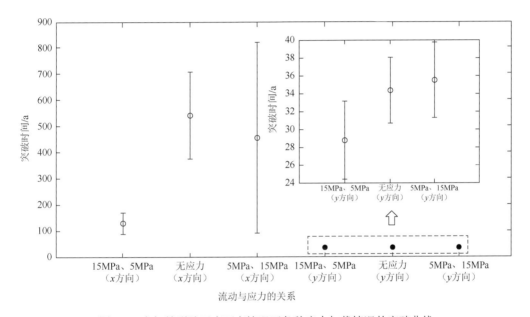

图 4-9　在初始裂隙开度可变情况下各种应力加载情况的突破曲线

# 4.5　本 章 小 结

本章研究了裂隙开度非均质性对天然裂隙网络中早期岩溶形成的影响。我们观察到，地质力学作用下的裂隙开度结构导致了裂隙网络中的聚合流动效应，并加速了溶蚀前缘的突破。这一现象与之前关于流动组织对二维单裂隙中溶蚀增长影响的研究结果一致[19, 21]。本研究结果进一步表明，裂隙网络几何结构、初始开度非均质性和地质力学加载条件之间的相互作用控制着二维天然裂隙网络中的溶蚀过程。由应力加载引起的非均质开度结构对初期岩溶形成的影响较为次要，而主要依赖于反应性流动方向与主要贯通裂隙的相对方向。裂隙网络几何结构对早期岩溶作用的主要影响已被 Aliouache 等[40]指出。我们的研究进一步表明，在应力加载导致开度非均质性存在的情况下，溶蚀模式可能发生根本性变化，受特定空间裂隙组织的"调控"。然而，当最大主应力平行于贯通裂隙时，即天然裂隙网络加载 $S_x = 15\text{MPa}$ 和 $S_y = 5\text{MPa}$ 的应力时，突破行为受到更强的影响。相比之下，单独的开度非均质性或加载 $S_x = 5\text{MPa}$ 和 $S_y = 15\text{MPa}$ 的应力不会对突破产生显著影响。当施加相同的初始流量时，在整体流动方向垂直于贯通裂隙组的情况下，突破时间对有无初始裂隙开度变化的应力加载条件不敏感。这再次证明了在特定的结构和整体流动方向配置下，地层性质控制起主导作用。上述结果对于裂隙碳酸盐岩中的各种地下工程应用（如含水层修复和大坝建设）具有重要意义。本章研究主要关注原位应力引起的裂隙开度非均质性影响，未考虑应力与孔隙压力的耦合效应。这些结果仅适用于裂隙中的孔隙压力远低于施加的地质力学应力的情况，因此仅对近地表岩溶形成有效。我们提出的基于真实裂隙网络的反应性传输模型将进一步扩展，以考虑应力-流动-溶蚀过程的全耦合效应，例如机械演化对岩溶化的影响，研究复杂原位应力条件下构造结构与岩溶洞穴之间的空间关系。

总而言之，我们发现依赖于应力的裂隙开度非均质性可能在裂隙碳酸盐岩的早期岩溶化过程中起到关键作用。应力影响的程度取决于流动与结构各向异性之间的相对关系以及开度的变化。当反应性流动方向与贯通裂隙组平行时，应力加载方向可能显著改变溶蚀模式，并减少岩溶化的范围。开度的变化可能增强两种流动条件下的应力效应，尤其当最大应力垂直于长裂隙方向时，效应更为显著。这些结果强调了在岩溶生成模型中结合真实裂隙网络几何形态和依赖于应力的裂隙开度的重要性。忽视真实裂隙网络几何形状和原位应力状态影响的传统方法可能导致对岩溶模式和突破时间的预测产生偏差。本章的模拟仅限于二维场景。在三维网络中，如果通过简单的二维网络拉伸生成，观察到的溶蚀增长行为总体趋势可能仍然有效。这是因为准三维裂隙网络的整体地质力学响应不会发生质变。然而，溶蚀前缘的演化行为在准三维网络中可能更为复杂。因此，突破行为可能与二维网络的结果大不相同。如果考虑三维多层节理网络，预期将出现截然不同的溶蚀增长模式，因为网络拓扑结构差异显著。在这种情况下，需要通过三维地质力学建模来推导三维裂隙网络中复杂的开度分布。应力-流动-溶蚀耦合分析还将有助于通过更准确预测裂隙碳酸盐岩中广泛存在的岩溶通道来改进工程设计和施工。

# 第 5 章　碳酸盐岩节理网络中岩溶演化与蚓孔形成：二维和三维建模的对比

## 5.1　引　言

尽管采用一维管道网络的方式能够以较低的计算成本帮助我们理解岩溶优先通道的形成与演化，特别是在研究补给条件影响方面[29, 44, 71]。但这一假设忽略了单一裂隙中蚓孔结构的形成，仍可能导致与实际系统之间存在较大偏差（特别在突破时间预测方面）。室内实验和二维单裂隙数值模拟研究，已经广泛关注了高度局部化的流动通道（即蚓孔）的形成机制[21, 25, 26, 96, 132]。

Szymczak 和 Ladd[19]从数学上证明，即便是光滑裂隙中的溶蚀前缘也可能因微小扰动迅速分裂，形成的溶蚀前缘"波长"不稳定性取决于反应速率和流量。此外，他们确认前缘分裂引起的流动聚合效应是突破加速的前提条件，而非非线性动力学触发机制。随后，Upadhyay 等[54]进一步发现，当裂隙长度大于渗透长度 $l_p$ 时，单裂隙的溶蚀模式和突破时间对初始开度分布的非均质性和相关长度不敏感。此外，Starchenko 等[39]开发了一种新的三维反应性传输模型，用于单裂隙溶蚀模拟。基于该模型，Starchenko 等[39]复现了单裂隙中包括面溶蚀、均匀溶蚀及两类特征性蚓孔形态在内的四种不同溶蚀模式，这些模式由贝克莱数（$Pe$）和达姆科勒数（$Da$）的综合影响决定。

因此，更为真实的岩溶发育模拟方法应当采用完全离散化的二维裂隙开度分布来表征每一条裂隙。

碳酸盐岩通常纵向上呈层状，其中每层包含垂直于层理的节理。当层理面显著压实时，节理网络将主导流动和运移行为[65, 133-135]。部分基于天然碳酸盐岩露头的岩溶生成模拟仅关注水平面上二维节理网络的拓扑特征，而忽视了沿第三维度潜在的岩溶发育行为差异的影响[40, 62]。在本章中，我们将进一步研究三维节理网络中蚓孔形成的动力学过程。为了比较二维和三维建模的差异，我们将研究对象聚焦于经常出现在层状节理岩体露头中的单层节理网络，这种网络受层理约束且垂直于层面[136, 137]。本章节中，"三维建模"指的是三维计算域和网格离散。然而，所研究的离散裂隙网络（discrete fracture network，DFN）几何结构为"伪三维"，即三维节理网络通过拉伸二维裂隙网络生成。我们试图解决以下问题：与二维裂隙网络模型相比，裂隙内部的蚓孔形成在多大程度上影响突破时间；蚓孔形成对整体溶蚀过程有何影响；蚓孔形成是否会导致岩溶导水通道网络几何形态的改变；在考虑不同的裂隙网络几何结构、流速和裂隙表面粗糙度时，三维建模与二维建模的差异有多大。

## 5.2　二维和三维裂隙网络溶蚀与建模

### 5.2.1　反应性传输模型

本章所使用的数值模型与第 4 章相同。该数值模型基于有限元方法，能够求解包括流体流动、$Ca^{2+}$ 的反应性运移，以及裂隙开度溶蚀性扩张等水-化学耦合过程。假设岩石基质几乎不可渗透，相较于高导流性的裂隙，可以忽略其内部的流动。尽管在长时间尺度上，岩石基质中的传输过程由于相对缓慢的平流和扩散作用可能起重要作用，但在致密裂隙网络中考虑基质效应的三维反应性运移模拟几乎不可行，因为基质网格离散化带来的计算成本极高。因此，我们仅将计算域限定在三维离散裂隙网络上，其中单个裂隙用二维平面表示。

### 5.2.2　节理网络生成

在碳酸盐岩中，许多露头观察表明，节理的长度通常遵循对数正态分布，且节理间距与层厚成正比[137, 138]。因此，本研究采用对数正态分布来模拟每组节理的长度。实验室实验和数值模拟均已证实，节理间距主要受节理间力学相互作用的控制[139, 140]。这里，我们采用考虑了应力阴影区概念的节理网络生成模型，以统计方式再现节理间的相互作用[65, 134, 135, 141, 142]。具体而言，在每条已存在的节理周围定义一个阴影区，新生成的节理中心将随机放置在已存在的节理阴影区之外。一旦确定了新生成节理的位置，其方向和长度的值将从相应的分布模型中抽取。然而，新生成的节理需要根据其相对于已存在节理阴影区的位置进行几何操作（如截断、延伸和移除）。关于裂隙网络生成的更多细节可以在我们以前的研究中找到[143]。

三维节理网络可以通过将二维节理网络拉伸形成，从而保持几何连通性不变。对于二维裂隙网络，裂隙密度 $\gamma$ 可以定义为裂隙累计长度与岩石面积之比：

$$\gamma = \frac{1}{L^2}\sum_N l \qquad (5\text{-}1)$$

式中，$L$ 为求解域大小，m；$l$ 为裂隙长度，m；$N$ 为裂隙数。几何连通性可以用渗流参数（percolation parameter）$p$ 来表征：

$$p = \frac{1}{L^2}\sum_N l^2 \qquad (5\text{-}2)$$

式（5-2）适用于完全随机（非分形）裂隙网络[144]，$p$ 值越大，意味着网络的连通性越高。通常情况下，连通网络的 $p$ 大于渗透阈值 $p_c \approx 5.8$[142]。

对于三维节理网络，我们进一步在每个节理上叠加了一个非均匀初始开度分布。假设非均匀初始开度服从随机对数正态分布，平均初始开度 $b_0 = \langle b(t=0) \rangle$。定义粗糙度 $\sigma$ 来表征开度非均质性的幅度，其表示为[54]

$$\sigma = \frac{\sqrt{\langle b^2 \rangle - \langle b \rangle^2}}{\langle b \rangle} \tag{5-3}$$

式中，$b$ 表示当前开度；符号 $\langle \rangle$ 表示求平均值。

### 5.2.3 流动和溶蚀特性分析的定量指标

裂隙碳酸盐岩的溶蚀行为通常依赖于流动的强度和非均质性[40,43]。因此，我们分别采用岩石的等效渗透率和流动聚集密度指标来定量衡量整体流动能力和聚合流动强度。

裂隙岩石的等效渗透率 $\kappa_{eq}$（单位：$m^2$）可根据达西定律计算：

$$\kappa_{eq} = \frac{\mu Q L}{A \rho g (h_{in} - h_{out})} \tag{5-4}$$

式中，$Q$ 为通过出口处的流量，$m^3/s$；$A$ 为截面面积，$m^2$；$h_{in}$ 和 $h_{out}$ 分别为进口和出口边界处的水头，m；$\mu$ 为流体黏度，Pa·s；$\rho$ 为流体密度，$kg/m^3$；$L$ 为流动长度，m；$g$ 为重力加速度，$m/s^2$。

为了量化三维裂隙网络中流速场的聚合流动强度，我们定义了流道密度指数 $d_Q$，该指数在 Maillot 等[145]的研究基础上进行修改：

$$d_Q = \frac{1}{S} \frac{\left( \iint_S q \, dS \right)^2}{\iint_S q^2 \, dS} \tag{5-5}$$

式中，$S$ 为裂隙表面面积，$m^2$；$q$ 为局部裂隙流量（即裂隙开度与流速的乘积），$m^2/s$。已有研究将类似定义的流道密度指数应用于量化地表裂隙变形的聚集程度[146,147]。$d_Q$ 可以衡量裂隙表面具有有效高流速的区域面积比例，即活跃流动区域的占比[148]。$d_Q$ 的值仅取决于相对流动分布，其中较小的 $d_Q$ 对应于更集中的流动模式，而 $d_Q = 1$ 则对应于均匀流动模式。

渗透长度 $l_p$（单位：m）是分析初始均匀裂隙中溶蚀前缘不稳定性的重要参数[19,149]。$l_p$ 用于表征欠饱和衰减的距离，其表达式为

$$l_p = q/(2k) \tag{5-6}$$

式中，$k$ 为溶蚀速率常数，m/s。与多孔介质的溶蚀不同，线性稳定性分析表明当流速极低时，溶蚀仅限于入口区域。而裂隙的溶蚀前缘始终不稳定，其波长与 $l_p$ 具有相同的尺度[150]。这是因为裂隙开度没有限制。因此，尽管溶蚀速率增长较慢，溶蚀前缘最终仍会分裂[54]。然而，如果流速足够快，能确保渗透长度超过系统的尺寸，溶蚀前缘则可能保持均匀。

### 5.2.4 模型设置

如图 5-1（a）所示，我们研究了包含两组节理的网络，其方向分别服从均值为 0° 和

60°、标准差为 5°的正态分布[151]。所有二维节理网络均在 10m×10m 的域内生成,然后通过 1m 的拉伸生成三维 DFN[图 5-1(b)]。节理长度服从对数正态分布,均值为 3m,标准差为 0.3m。Siemers 和 Dreybrodt[43]的研究表明,不同的裂隙网络连通性可能导致不同的溶蚀行为,该研究基于二维裂隙网络并假设每条裂隙沿程均匀溶蚀。这里我们将研究扩展至三维情境。因此,我们还考虑了四种不同的裂隙密度,即 $\gamma$ 取 1.875m$^{-1}$、2.5m$^{-1}$、3.75m$^{-1}$ 和 5m$^{-1}$,分别对应于渗流参数 $p$ 取 6.2、8.3、12.5 和 16.7[图 5-1(a)]。从 $p$ 的范围来看,所研究的裂隙网络连通性从临界连通状态(即 $p≈5.8$)到良好连通状态,能够展示在不同裂隙几何连通性程度下的溶蚀行为特征。图 5-1(a)中的红色线条表示 $x$ 方向流动网络(即连接入口和出口的贯通裂隙)的几何形状,黑线表示对流动均没有贡献的死角裂缝。对于反应性运移模拟,我们直接提取流动网络作为计算域,因为非渗透裂隙对流动没有贡献[图 5-1(b)]。

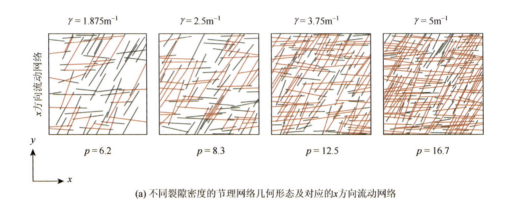

(a) 不同裂隙密度的节理网络几何形态及对应的 $x$ 方向流动网络

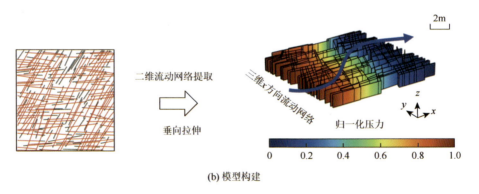

(b) 模型构建

图 5-1　二维和三维流动网络与建模

在左侧入口边界($x = 0$m)和右侧出口边界($x = 10$m)设定恒定水头条件,并假设所有其他外边界为不透水。入流水中的 Ca$^{2+}$浓度设为 0mol/m$^3$。采用典型的方解石溶蚀参数值[19,152]:平衡浓度 $c_{eq} = 2$mol/m$^3$,溶蚀速率常数 $k = 2.5×10^{-7}$m/s,舍伍德数 $Sh = 8$,方解石物质的量浓度 $c_{sol} = 2.7×10^4$mol/m$^3$。流体的密度和黏度分别为 $\rho = 1000$kg/m$^3$ 和 $\mu = 1×10^{-3}$Pa·s。温度可能影响反应动力学、化学平衡及流体特性。为简化起见,假设裂隙岩体温度均匀且恒定，使溶蚀速率常数保持不变。扩散系数 $D = 1 \times 10^{-9}\text{m}^2/\text{s}$，重力加速度 $g = 9.81\text{m/s}^2$。所有裂隙面均用有限元网格离散，水平方向（即平行于 $x$-$y$ 平面）的分辨率为 0.05m。在垂直（$z$）方向，通过不同的网格分辨率区分二维和三维建模，如图 5-2 所示。对于二维建模，垂直方向仅创建一层网格[图 5-2（a）]，这相当于假设每条导水管内溶蚀是均匀的，以简化二维导水管网络建模。相比之下，对于三维建模，在垂直离散化中考虑了 20 层（0.05m）网格[图 5-2（b）]，以允许出现非均匀的溶蚀前缘。图 5-2（b）所示几何数值模型包含约 172000 个矩形网格单元，待求解的自由度数超过 100 万。所采用的网格分辨率足以满足研究需求，因为我们已确认更精细的网格对结果趋势影响甚微，但计算成本却极高。

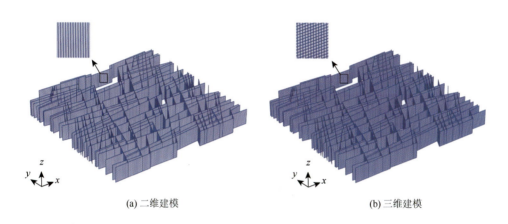

(a) 二维建模　　　　　　　　　　　　　　(b) 三维建模

图 5-2　网格离散化

　　在参数敏感性分析中，除了网络几何连通性外，还进一步分析了流速和裂隙粗糙度的影响。这两个参数是影响初始均匀裂隙中溶蚀前缘不稳定性的关键因素。根据 Szymczak 和 Ladd[19]的研究，渗透长度，即 $l_\text{p} = q/(2k)$ 是表征前缘不稳定性的关键参数。因此，我们分析了流量（$q$）的影响，并通过渗透长度的计算对结果进行了推广，这也为分析溶蚀速率常数（$k$）的影响提供一些启示。

　　在接下来的分析中，节理开度和水力梯度的具体参数如下。

　　（1）在 5.3.1 节中，研究网络连通性对二维和三维建模差异的影响。我们对具有不同连通性的裂隙网络[图 5-1（a）]在相同的水力梯度（即 0.1m/m）下进行了反应性运移模拟。对于每个渗流参数 $p$，生成了 20 组网络。二维建模的初始裂隙开度场均匀，$b_0 = 0.1\text{mm}$，而三维建模则叠加了微小的变化（粗糙度 $\sigma = 0.0001$），即 $\max(b_0) = 0.1\text{mm} + 50\text{nm}$（类似于 Szymczak 和 Ladd[19]的模型）。

　　（2）在 5.3.2 节中，选择两种具有代表性的裂隙网络几何结构（一个是良好连通，另一个是临界连通）来研究流速的影响。这里考虑了一系列压力梯度，对应的 $l_\text{p0}^*$ 为 0.0005～0.1，且三维模型中的粗糙度仍然被设置得非常小，$\sigma = 0.0001$。

　　（3）在 5.3.3 节中，进一步研究三维模型中粗糙度的影响（$\sigma$ 取 0.0001、0.001、0.01 和 0.1），并结合了流速的影响（$l_\text{p0}^*$ 为 0.0005～0.1）。

## 5.3 二维和三维模型不同溶蚀行为

### 5.3.1 网络连通性对二维和三维模型不同溶蚀行为的影响

图 -3（a）显示了基于两种不同的 DFN 表征方法，即三维完全离散化裂隙网络（三维建模 和简化的二维管道网络（二维建模），其突破时间随渗流参数 $p$ 变化的情况。此外，图 -4 中展示了突破时刻的溶蚀模式，每个 $p$ 值各用一个示例代表相应的溶蚀模式。为了解 突破时间的变化趋势，进一步计算并展示了初始时刻等效渗透率 $\kappa_{eq}$、平均渗透长度 〈 ,〉和流道密度指数 $d_Q$ 的相应变化，分别如图 5-3（b）、（c）和（d）所示。我们已确认 二维建模的这三个定量指标值在初始时与三维建模相同。

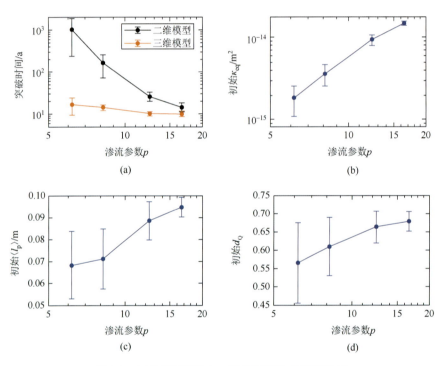

(a)

(b)

(c)

(d)

图 5-3 三维模型演化与二维模型演化的显著差异

随 裂隙连通性的增加，裂隙岩石的等效渗透率显著上升[图 5-3（b）]，这意味着在相同 差下，溶蚀前的总流速大幅增加。请注意，这一趋势基于渗流参数高于渗流阈值的裂 获得。先前的研究中也观察到了 $p$ 与 $k$ 之间的相似关系趋势[153, 154]。注意 $\langle l_p \rangle$ 的初始 约为 0.08m 时[图 5-3（c）]，平均局部流速的量级远小于岩石长度（10m）。

对 二维建模，可以观察到突破时间随着 $p$ 的增加而显著减小[图 5-3（a）]。其运行机制 以解释如下：首先，初始 $\langle l_p \rangle$ 随 $p$ 的增加而增加，这意味着溶蚀前缘在每条一维节 导水管入口处的初始渗透长度增加。虽然 $\langle l_p \rangle$ 随 $p$ 增加而增加的幅度较小，但在正 馈机制下，其效应可能被放大[152]。其次，由于流动聚集的作用，优先流动通道出现[43]，并最终只有一条通道获得优势[图 5-4（a）～（d）]。因此，一个具有□等效渗透率（$p$ 较大）的良好连通网络可以使高流量集中在优先流动通道上，最终导致□通道沿途更深地渗透并提前突破。最后，这可能与渗透路径的长度有关[43]。在低 $p$ 时，□连通性差，不同 $p$ 的模型的流动路径形状变化大，且较为迂曲，短流动路径很少出现，导致突破时间较长且偏差较大。相比之下，在高 $p$ 时，高裂隙密度使裂隙彼此相交，□成长度与域长度相当的短流动路径，从而大幅减少突破时间及其偏差。

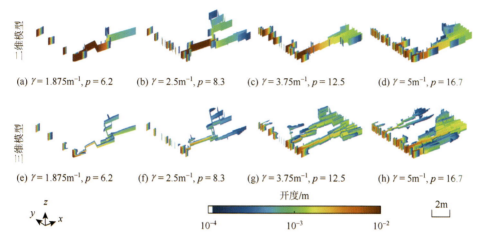

(a) $\gamma=1.875\mathrm{m}^{-1}$, $p=6.2$　(b) $\gamma=2.5\mathrm{m}^{-1}$, $p=8.3$　(c) $\gamma=3.75\mathrm{m}^{-1}$, $p=12.5$　(d) $\gamma=5\mathrm{m}^{-1}$, $p=16.7$

(e) $\gamma=1.875\mathrm{m}^{-1}$, $p=6.2$　(f) $\gamma=2.5\mathrm{m}^{-1}$, $p=8.3$　(g) $\gamma=3.75\mathrm{m}^{-1}$, $p=12.5$　(h) $\gamma=5\mathrm{m}^{-1}$, $p=16.7$

图 5-4　不同连通性节理网络在突破时刻的开度分布

注：网络几何形状与图 5-1（a）对应

　　然而，在二维建模中，值得注意的是，随着 $p$ 增加，突破时间的减小趋势减缓（斜率减小）。这可能归因于不同通道之间更强的竞争，量化表现为初始 $d_\mathrm{Q}$ 的上升[图 5-□（d）]。在低 $p$ 时，$d_\mathrm{Q}$ 较小，流速场结构高度集中，这意味着优先流动路径是在溶蚀开□时就决定了。因此，溶蚀模式受流动骨架高度不规则几何形态的控制[图 5-4（a）、（b）□。随着裂隙密度增加，更多裂隙开始相互连通，流动结构初始时通道化程度较低（$d_\mathrm{Q}$ 增□）。结果是，在具有相似阻力的通道之间存在强烈竞争，这可能导致在高 $p$ 时突破时□的下降减缓[图 5-3（a）]。请注意，$d_\mathrm{Q}$ 的增长趋势随 $p$ 的增加趋于减缓，这表明网络□于饱和且高度互联。总体而言，二维导水管网络中不同网络连通性对岩溶生成的突破□间和溶蚀模式的变化趋势与 Siemers 和 Dreybrodt[43]的研究一致。

　　对于三维模型，岩溶生成与演化过程表现出与二维模型的显著差异。特别□在低 $p$ 时，由于单个节理内的蚓孔形成[图 5-4（e）]，三维模型的突破时间相比二维□型明显缩短[图 5-3（a）]。随着网络连通性的增加，二维和三维模型间的突破时间差□逐渐减小。更有趣的是，在特定压差下，三维建模的突破时间对裂隙网络连通性不敏□。尤其是，当 $p$ 从 12.5 增加到 16.7 时，突破时间甚至略有上升。此外，观察到二维和三□模型在溶蚀模式上存在显著差异（图 5-4）。在低 $p$ 时，二维和三维模型的岩溶导水通道□络结构相似，主要受流动骨架几何结构的控制，因为节理网络处于临界连通状态。然而，由于节理内部蚓孔的形成，三维模型中岩溶导水通道的垂直尺寸显著减小。此外，二维□型预测的突破时的孔隙度不合理[实际远超出图 5-4（a）、（b）的色标范围]，因为突破时间过长。在高 $p$ 时，尽管二维和三维模型间的突破时间差异减少，但溶蚀模式可能变得完全不同。在三维模型中，可能形成更多的优势通道[图 5-4（g）]，甚至优势通道的位置可能发生变化[图 5-4（h）]。尽管每个节理内的孔隙变化极小，但从二维到三维的维度增加可能导致单个节理内的蚓孔形成和流动聚集，不仅加速突破时间，还改变了溶蚀模式。为了更好地理解导致二维和三维模型差异的潜在机制，下一节中我们将深入分析岩溶生成的演化过程。

### 5.3.2　流速（渗透长度）的影响

#### 1. 二维和三维建模中流速对不同溶蚀行为的影响

根据前人的研究，流速或等效渗透长度是控制单裂隙内蚓孔形成的重要参数[19, 151]。因此，我们进一步采用一系列压力梯度来比较二维和三维模型的差异。粗糙度仍然被设置得非常小，$\sigma = 0.0001$。在这里，选取两个具有代表性的节理网络作为示例，一个是临界连通网络[图 5-1（a）中 $p = 6.2$]，另一个是良好连通网络[图 5-1（a）中 $p = 16.7$]。我们定义一个无量纲参数表示压力梯度水平，即 $l_{p0}^*$，其为平均初始渗透长度与域长度之比（$l_{p0}^* = \langle q_0/(2k)\rangle/L$）[138]。我们研究了较大范围的压力梯度，对应的 $l_{p0}^*$ 为 0.0005~0.1。

图 5-5 为临界连通网络和良好连通网络的突破时间随 $l_{p0}^*$ 的变化情况。图 5-6 展示了突破时的相应开度分布。可以观察到，如果 $l_{p0}^*$ 足够大，裂隙网络中岩溶生成的三维建模可以简化为二维管道网络中的均匀溶蚀过程（图 5-5 中虚线与实线重叠）。如果节理网络处于临界连通状态，尽管由于主要流动通道的几何约束，溶蚀模式非常简单，但随着 $l_{p0}^*$ 的减小，分支趋于减少。与二维模型相比，三维模型中溶蚀模式的显著差异是在 $l_{p0}^* \leqslant 0.013$ 时形成蚓孔。此外，蚓孔的形状随 $l_{p0}^*$ 的增大而变化，当 $l_{p0}^* = 0.0022$ 时为细长型蚓孔，当 $l_{p0}^*$ 取 0.0093 和 0.013 时为颈缩型蚓孔。

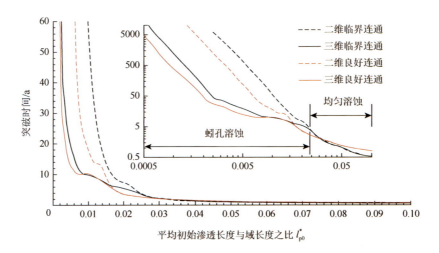

图 5-5　突破时间随 $l_{p0}^*$ 的变化

注：插图使用双对数坐标轴

　　此外，与以往单裂隙模拟不同，本研究能够捕捉到宏观的岩溶导水通道网络结构。更有趣的是，三维建模中分支发育良好的模式可持续至 $l_{p0}^* \leqslant 0.002$（图 5-6 中红色虚线下方的类似网络模式），这归因于流动聚集增强了溶蚀前缘的渗透能力。在良好连通情况下，还可以观察到网络的扩展。这表明，如果不考虑蚓孔的形成，分支网络扩展的程度可能会被低估。另外，在二维导水管网络的基础上预测网络尺度的溶蚀模式在 $l_{p0}^*$ 足够低的情况下可能具有指导意义。这是因为在低流速条件下，岩溶生成被限制在单一线性通道内，意味着网络中的高维溶蚀过程可被简化为沿单一导水管的低维过程。然而，对于低流速的二维建模，突破时间预测的准确性远远不够。

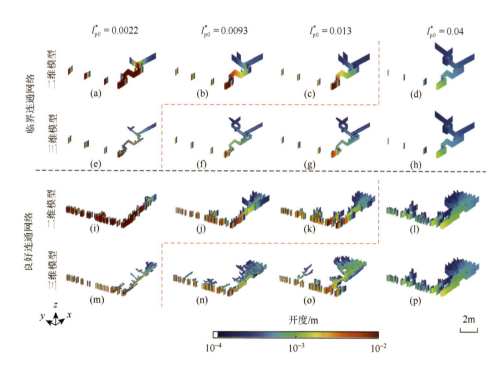

图 5-6　临界连通网络和良好连通网络在突破时刻的开度分布

（a）～（h）临界连通网络；（i）～（p）良好连通网络；代表性的网络几何形状对应于图 5-1（a）

　　增加第三维度所导致的蚓孔形成使溶蚀行为更加复杂，这也可以从图 5-5 中突破时间与 $l_{p0}^*$ 的关系曲线中反映出来。对于二维模型，高 $l_{p0}^*$ 时的岩溶导水管道在网络尺度上发育，单个节理内溶蚀均匀。在该溶蚀尺度下，不同流动路径之间的竞争机制在控制突破时间方面起重要作用。次级岩溶导水通道在较大的 $l_{p0}^*$ 下更加发育，表明竞争持续存在[40]。随着 $l_{p0}^*$ 的降低，岩溶发育趋向于集中在单一、简单的通道尺度，几乎没有不同流动通道之间的竞争影响。因此可以观察到，这两个尺度的突破时间随 $l_{p0}^*$ 变化的关系曲线斜率不同，临界连通情况下的过渡区在 $l_{p0}^* = 0.02$ 附近，而良好连通情况下的过渡区在 $l_{p0}^* = 0.013$ 附近。对于三维模型，蚓孔形成扩大了网络溶蚀尺度的范围，因为流动聚集使溶蚀前缘更具侵蚀性。结果是，溶蚀尺度从网络尺度转变为单一通道尺度的 $l_{p0}^*$ 阈值降低。更有趣的是，由于三维建模中的蚓孔形成，临界连通情况下的突破时间在 $0.009 < l_{p0}^* < 0.012$ 范围内可能与良好连通情况的相似。相比之下，在二维建模中，前者的突破时间始终高于后者。

**2. 对二维和三维模型不同突破时间的详细解释**

图 5-7 通过代表性算例 $l_{p0}^* = 0.0093$ 的溶蚀前缘的时空演变提供了对二维和三维模型不同突破时间的直观解释。图 5-8 给出了相应的流道聚集密度指数（$d_Q$）的演化过程。在岩溶发育的早期阶段（$t = 1a$），由于初始开度场的变化极小，两种网络的溶蚀前缘都呈现出较为平坦的状态[图 5-7（a）、（e）、（i）、（m）]。此阶段二维和三维模型的 $d_Q$ 演化也表现出相同的行为，而不同连通性的网络之间存在显著差异[图 5-7（a）、（e）、（i）、（m）]。对于临界连通网络，其初始 $d_Q$ 远低于良好连通网络，这表明初始时刻具有更高的通道化流动。因此，由于高流动通道化，优胜通道在一开始便已确定。随后，溶蚀演化似乎在单一裂隙中动态地进行，因为其他通道的流动供给非常微弱。因此，如果网络用二维模型表示，溶蚀前缘的传播集中在高度通道化的流动路径上，且速度较慢（$d_Q$ 演化曲线的斜率很小）。然而，如果用三维模型表示，节理内部的蚓孔形成和流动聚集可以显著加速溶蚀进程，量化表现为溶蚀前缘破裂后 $d_Q$ 快速下降[图 5-7（f）、图 5-8]。此外，三维建模中的岩溶导水通道长度在 8a 时的发育可以与二维建模在 70a 时的通道长度相当[图 5-7（d）、（h）]。相比之下，对于良好连通网络，溶蚀行为表现出不同的模式。可以观察到，即使在二维建模中也能形成快速的溶蚀发育，即 $d_Q$ 演化曲线以较大的斜率快速下降，突破时间缩短至 20a（图 5-8）。这是众多流动通道支持的强流动聚集所致。尽管每条通道的初始渗透长度较短，但在发育过程中，弱势的通道逐渐退化（溶蚀前缘后退）并汇聚到优势通道，使渗透长度迅速增加。可以看到二维良好连通情况比二维临界连通情况更早地发育出相同的通道长度[图 5-7（l）、（d）]。如果良好连通网络用三维模型表示，由于单个节理的流动聚集叠加到网络的流动聚集上，突破时间进一步缩短[图 5-7（o）、（p）]。值得注意的是，三维良好连通网络在 3.5a 时的溶蚀前缘比三维临界连通网络更加均匀[图 5-7（n）、（f）]。我们可以这样解释三维良好连通网络中岩溶演化的潜在机制：在 3.5a 之前，节理溶蚀增长引起的流动重组主要发生在网络尺度上，即在不同流动路径之间。与临界连通网络相比，良好连通网络中更多来自相邻竞争路径的流动可以聚集在主流通道上，从而获得更大的渗透长度。

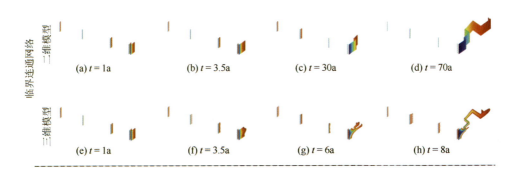

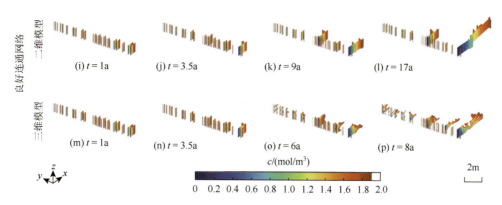

图 5-7　临界连通网络和良好连通网络的溶蚀前缘的时空演化（$l_{p0}^{*} = 0.0093$）

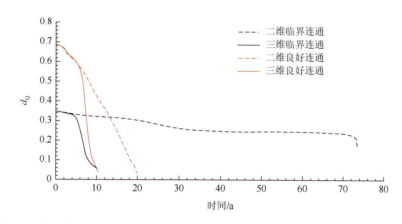

图 5-8　临界连通网络和良好连通网络的流道密度指数 $d_Q$ 的演化（$l_{p0}^{*} = 0.0093$）

　　Szymczak 和 Ladd[19]证明了溶蚀前缘的波长在发育过程中呈正弦模式，与渗透长度成正比。较大的溶蚀前缘波长可能导致前缘均匀增长，且流动聚集可能停滞，特别是当节理高度低于波长时。因此，蚓孔在临界连通网络中可能比在良好连通网络中更早形成（图 5-8 中实线交点比虚线交点出现得更早）。此外，由于波长较小，前者的蚓孔比后者更窄[图 5-7（g）、（o）]，这导致沿节理轮廓更强地流动聚集。因此，蚓孔较早形成为临界连通网络提供了提前突破的机会，这也可以很好地解释为何一旦在三维建模中形成蚓孔，突破时间就对裂隙连通性趋于不敏感[图 5-3（a）]。

　　**3. 对二维和三维模型不同溶蚀形态的详细解释**

　　三维建模中的蚓孔形成可能导致比二维建模更复杂的溶蚀模式。由于蚓孔的形成，可能会生成更多的次级岩溶导水通道[图 5-7（p）]，甚至优先通道可能发生改变[图 5-6（o）]。为了更深入地探讨这一现象，图 5-9 比较了二维和三维模型在 $l_{p0}^{*} = 0.013$ 良好连通情况下的溶蚀模式演化。图 5-10（a）中进一步说明了 $d_Q$ 和入口处流量的相应演化，其位置如图 5-9（d）标记。对于二维模型，通道 1 在起始阶段相比通道 2 更占优势[图 5-10（b）]。随后，在 1.5a 之后，通道 1 流量增加趋势明显减缓。这可能是在主导通道通过连接处时，出流分支间的竞争所致[40][图 5-9（b）]，这使得较短的通道获得了额外的生长机会。通道 2 在某一阶段的流量可以超过通道 1，但中断机制也可能发生在通道 2[图 5-9（c）]。同时，一旦通道 1 的弱分支被放弃，其侵蚀性将恢复并重新获得主导地位[图 5-10（b）]。相比之下，对于三维模型，这两个通道的溶蚀行为在约 3.5a 后以相反的变化趋势进行。如图 5-9（f）所示，通道 2 的溶蚀前缘已经破裂，内部产生的流动聚集使其更具侵蚀性和竞争力。在此期间，三维模型的 $d_Q$ 略大于二维模型[图 5-10（a）中的放大图]，表明由通道 1 和通道 2 之间竞争增强引起的流速场局部化程度较低。结果是，通道 2 最终占据优势，而不是被通道 1 终止[图 5-10（b）]。需要注意的是，与 $l_{p0}^* = 0.0093$ 的情况[图 5-7（n）]相比，通道 1 的溶蚀前缘在此情况中更均匀，因为初始流量更高。此外，由于通道 1 溶蚀更均匀，通道 2 可能有额外的机会提前分裂溶蚀前缘并快速受益于流动聚集。

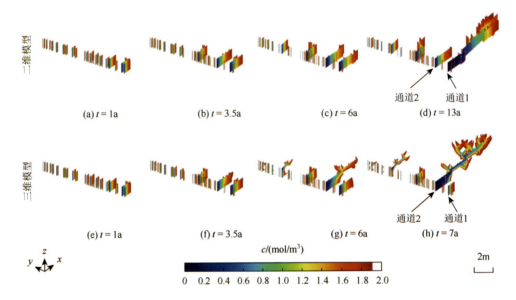

图 5-9　基于二维和三维模型的良好连通网络溶蚀前缘时空演化（$l_{p0}^* = 0.013$）

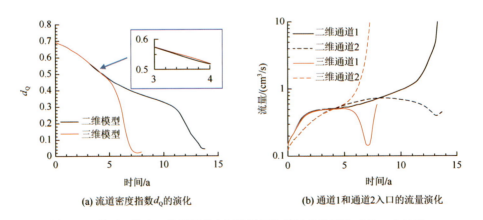

图 5-10　基于二维和三维模型的良好连通网络溶蚀参数演化（$l_{p0}^* = 0.013$）

### 5.3.3 裂隙粗糙度的影响

1. 裂隙粗糙度对二维和三维建模溶蚀行为的影响

通过以上分析，我们理解了流动聚集在蚓孔形成过程中的重要性。在比较中，我们仅使用了极小的粗糙度，使三维模型尽量接近二维模型。在这种初始开度配置下，溶蚀前缘在初期相当均匀，但仍具有形成蚓孔的不稳定性[56]。因此，我们发现单个节理内溶蚀前缘分裂的时机可能影响岩溶发育速度及主流通道的位置。先前关于线性不稳定性的分析基于单一裂隙，在溶蚀初始阶段，当 $l_p$ 远小于裂隙长度时，总流量或 $l_p$ 可视为常数[19]。我们的研究进一步表明，从单一裂隙分析得出的一些结论可能不适用于裂隙网络，因为不同路径间的流动交换可能导致单个裂隙内 $l_p$ 的动态变化。例如，由于整个网络的流动聚集而增加的 $l_p$ 可能增加主流通道中不稳定溶蚀前缘的潜在波长，从而延迟甚至导致不能在突破前形成蚓孔。这也是二维模型和三维模型突破时间-$l_{p0}^*$ 曲线分离阈值在良好连通网络中左移的原因（图 5-5）。

考虑到蚓孔形成时机在溶蚀行为中的重要作用，我们进一步探讨了粗糙度（$\sigma$）的影响，如图 5-11 中突破时间-$l_{p0}^*$ 曲线和图 5-12 中突破时溶蚀形态所示。在这里，我们以良好连通网络为例。由于高粗糙度节理的开度变化较大，溶蚀前缘可以快速破裂，即蚓孔可以快速形成[54]。因此，高 $\sigma$ 可能导致快速突破，使得三维建模与二维建模相同的 $l_p^*$ 阈值右移（即 $l_{p0}^*$ 阈值较大的值）。如果 $l_{p0}^*$ 足够小，突破时间趋于对粗糙度不敏感，这与 Upadhyay 等[54]的观察结果一致。结果证实了网络系统中突破时间对粗糙度的尺度依赖性，在小尺度（大 $l_{p0}^*$）下，突破时间随 $\sigma$ 的增大单调减小[21]，而在大尺度（小 $l_p^*$）下，由于流动聚集和蚓孔尖端分支的相互作用，突破时间随 $\sigma$ 的增大出现较大波动[54, 100]。此外，对于较小的 $l_p^*$，无论粗糙度的大小，溶蚀形态都非常相似[54]。基于网络的模拟结果

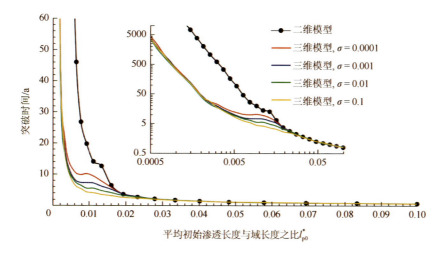

图 5-11   不同粗糙度的良好连通网络中突破时间随 $l_{p0}^*$ 的变化

注：插图使用双对数坐标轴

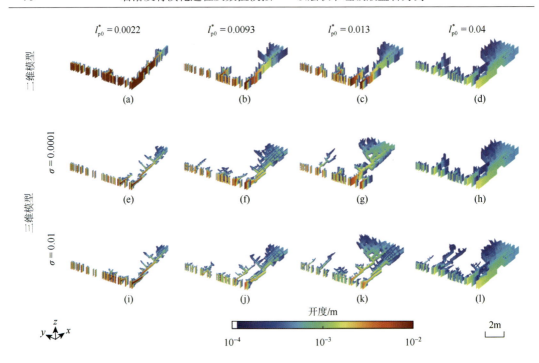

图 5-12　不同 $l_{p0}^*$ 和粗糙度条件下良好连通网络在突破时刻的开度分布

进一步显示了发育通道位置和分支发育程度对 $\sigma$ 的不敏感性[图 5-12（e）、（i）]。随着 $l_{p0}^*$ 的增大，高 $\sigma$ 的溶蚀形态逐渐与低 $\sigma$ 的溶蚀形态出现差异。例如，当 $\sigma=0.1$、$l_{p0}^*=0.013$ 时，可能会出现两个发育的通道[图 5-12（g）、（k）]。随着 $l_{p0}^*$ 的进一步增大，尽管主流通道趋于均匀溶蚀，且突破时间与二维模型收敛，但三维模型中具有高 $\sigma$ 的次级通道由于高度聚集的流动和蚓孔的快速形成而向下游移动[图 5-12（l）、（h）]。

2. 对不同裂隙粗糙度情况下溶蚀行为的解释

为了进一步探索高 $\sigma$ 节理网络系统的潜在机制，我们在图 5-13 和图 5-14 中给出了 $l_{p0}^*=0.013$、$\sigma=0.1$ 的三维良好连通网络的岩溶演化细节。如图 5-13（a）所示，即使在初始时间，溶蚀前缘也是高度不均匀的。同样，$\sigma=0.1$ 时的初始 $d_Q$ 比 $\sigma=0.0001$ 时的更小[图 5-14（a）]，表明从一开始流动更具通道化特征。结果是，不稳定的溶蚀前缘迅速分裂，在 $t=0.5a$ 时，基本上在所有流动路径中都已形成蚓孔[图 5-13（b）]。然后，岩溶导水通道迅速发育，$d_Q$ 急剧下降[图 5-14（a）]。从图 5-14（b）的流量分析中可以观察到，不同流动路径的初始流量不受粗糙度影响，而高粗糙度下的快速蚓孔形成导致流量迅速提升的出现时间提前。值得注意的是，当 $\sigma=0.1$ 时，通道 1 的岩溶发育加速（即 $\sigma=0.1$ 曲线与 $\sigma=0.0001$ 曲线的偏差点）早于通道 2。这再次证实了网络尺度上的流动迁移和单个裂隙内部的流量可以影响蚓孔形成的时机。尽管如此，通道 1 溶蚀前缘的相对快速破裂导致其与通道 2 的竞争，而非被终止。最终，两个优胜通道可能在突破时出现[图 5-13（d）]。

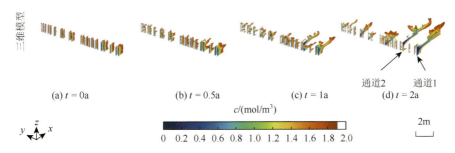

(a) $t = 0a$　　　(b) $t = 0.5a$　　　(c) $t = 1a$　　　(d) $t = 2a$

图 5-13　基于三维模型，良好连通网络下的溶蚀前缘时空演化（$l_{p0}^* = 0.013$、$\sigma = 0.1$）

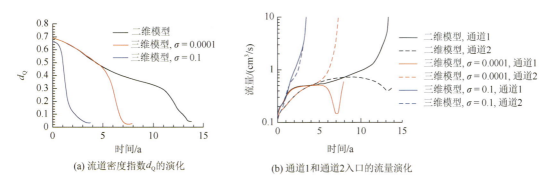

(a) 流道密度指数 $d_Q$ 的演化　　　(b) 通道1和通道2入口的流量演化

图 5-14　基于良好连通网络，不同粗糙度下流道密度指数与流量的演化（$l_{p0}^* = 0.013$）

### 3. 网络连通性和裂隙粗糙度对突破次数的综合影响

回到图 5-11，当 $\sigma = 0.1$ 时，突破时间随 $l_{p0}^*$ 的减小单调增加，这归因于不同通道之间蚓孔形成时机差异对竞争机制的影响减弱。换句话说，溶蚀竞争和流动迁移可能迅速从不同节理间的竞争转变为不同蚓孔之间的竞争。因此，与二维模型类似，$\sigma = 0.1$ 的情况下，突破时间对 $l_{p0}^*$ 也表现出单调变化特征。此外，我们还使用 $\sigma = 0.1$ 的三维模型考察了网络连通性对突破时间的影响，如图 5-15 所示。其结果是基于每个渗流参数的 20 个网络算例结果的平均值。边界条件与 5.3.1 节中描述的保持一致。正如预期的那样，$\sigma = 0.1$

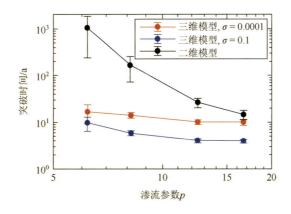

图 5-15　突破时间随渗流参数 $p$ 的变化

的三维情况下，由于蚓孔形成过程中的流动聚集作用，突破时间明显缩短。然而，突破时间相对于网络连通性的变化趋势与二维情况相似，即随着 $p$ 的减小，突破时间增加速度加快。

## 5.4　本章小结

在本章研究中，我们进行了大量的数值模拟，比较了在三维完全离散化裂隙网络和简化的二维管道网络中岩溶发育的过程。由于管道网络尺度模拟的计算成本较低，被广泛用来研究裂隙石灰岩含水层的初始岩溶演化[29, 40, 62]。我们发现，若要准确刻画每个裂隙中溶蚀前缘分裂的动力学，通常需要极其精细的网格。在某些情况下，简化的二维建模可能是一种实用工具，有助于快速理解裂隙网络中溶蚀的物理过程（例如，不同通道间的溶蚀竞争机制）[40, 56]，特别是当渗透长度接近岩石长度时（即系统尺度较小，$l_{p0}^*$ 较大），二维建模可能仍然有效，因为在突破之前溶蚀前缘是稳定的。垂直于流动方向的尺度（即节理高度）是影响突破前是否形成蚓孔的另一个关键参数。尽管本研究未深入探讨节理高度的影响，但当节理高度相对较小时，溶蚀前缘往往保持均匀，这本质上受控于较大的前缘波长（最终反映在渗透长度的作用中）[19]。尽管简化的二维建模具有一些优势，但其可能远不足以预测自然岩溶系统中的岩溶化过程。其主要原因可归纳为以下两点。

首先，天然岩溶系统的尺度通常远大于式（5-6）计算的渗透长度（对于方解石约为 1m，对于白云石约为 10m）。这意味着裂隙中的溶蚀前缘始终不稳定，因为即使 $l_p$ 可能大于裂隙宽度，溶蚀前缘的不稳定性仍会持续加强[19]。根据我们的观察，如果系统的尺度足够大（即 $l_{p0}^*$ 较小），溶蚀模式会变得高度聚集化，且与粗糙度无关[51]。在这种尺度下，二维建模对于预测溶蚀优势路径的位置可能具有指导意义。然而，基于二维模型预测的突破时间和开度增长可能会被显著高估，特别是对于临界连通的裂隙网络。当系统尺度为中等（即 $l_{p0}^*$ 中等）时，蚓孔形成过程中的流动聚集不仅会加速突破，还会改变已发育管道的位置。在这个尺度下，我们进一步发现，二维建模可能会显著低估岩溶管道网络的发育规模（扩展范围）。此外，由于主流通道内均匀溶蚀前缘分裂时间的不同，突破时间可能对裂隙网络连通性不敏感，这与二维建模中的观测结果有所不同[43]。

其次，天然裂隙面是不平整的，始终具有一定的粗糙度。我们的研究结果表明，对于中等 $l_{p0}^*$，裂隙粗糙度也可能影响溶蚀形态和突破时间。高粗糙度会导致蚓孔的快速形成以及较早的突破，从而导致二维建模与三维建模相同的 $l_{p0}^*$ 阈值增加，缩小了二维建模的适用性。此外，本研究中开度场的均匀变化仍然非常简化，而真实粗糙度可能在不同的节理位置上有变化，这也会影响裂隙力学开度对各向异性原位应力的响应[155]。因此，只有完全离散化的三维建模才能捕捉裂隙表面演化的复杂性，以进行更为准确的岩溶含水层演化预测。

请注意，我们的模拟模型基于一些理想化假设，未考虑孔隙尺度蚓孔形成动力学的复杂机制。首先，本研究重点关注溶蚀前缘分裂的时机及其导致的流动聚集对网络尺度上溶蚀模式的影响，例如优先流动通道的位置和溶蚀通道网络的尺寸。因此，仅将简化的裂隙粗糙度分布集成到网络尺度的模拟框架中。然而，真实的非均质孔隙分布可能呈现自相似结构[156]。此外，粗糙裂隙表面的深凹处可能形成局部流动循环，导致溶质在循环区被困，从而进一步影响溶蚀过程[156]。这种现象与高流速相关，在此情况下达西定律可能不再适用，且可能需要考虑非达西效应对孔隙尺度反应性运移的影响。其次，根据近年关于径向溶蚀实验的进展，重力效应在溶蚀演化过程中也十分重要[26, 157]。由于饱和与不饱和溶液的密度差，浮力驱动的流动和重力扩散可能导致水平裂隙的上表面溶蚀比下表面更多，且在对流传输与重力扩散相当的区域可能出现溶蚀热点。然而，由于不同 $CO_2$ 分压下 $CaCO_3$ 溶液的密度变化尚不明确，本数值模型未考虑重力扩散的影响。本研究仅关注孔隙变化对溶蚀前缘分裂的影响。值得注意的是，对于垂直裂隙，重力扩散可能会使不饱和流体集中在裂隙顶部，从而进一步影响蚓孔形成的时机[158]。然而，由于 $CaCO_3$ 溶蚀度较低，关于碳酸溶蚀方解石的实验验证和数值检验仍需在未来工作中深入开展。

此外，矿物组成是影响岩溶化非均质性的重要因素。方解石含量较低的碳酸盐岩和富含方解石的页岩中的裂隙可能在其他条件相同时从均匀溶蚀转变为蚓孔溶蚀[159]。尽管自然界中在突破前确实存在恒定水头补给（尤其在潜水带），但岩溶模式的多样性更多取决于多种补给类型和不同地质结构（例如，层理间隙的影响）[15]。因此，需要进一步探讨这些因素在三维建模背景下的影响，以更好地模拟各种岩溶形态。

综上所述，我们模拟了不同几何连通性的碳酸盐岩节理网络中的早期岩溶生成过程。节理网络采用了两种不同的建模方法：不考虑单一节理内部蚓孔形成的简化二维管道网络模型，以及三维完全离散化的离散裂隙网络（DFN）模型。通过比较二维和三维模型，我们发现三维模型中的突破时间对网络连通性的敏感性显著低于二维模型，这归因于裂隙上蚓孔形成过程中的流动聚合效应。此外，在良好连通的网络中，即使仅考虑极小的节理表面孔隙变化（粗糙度），优先流动通道的位置和数量也可能在三维建模中发生变化。

为深入了解三维节理网络中岩溶生成的内在机制，基于两个具有代表性的网络（临界连通型和良好连通型），我们进一步研究了初始流速（或渗透长度）和裂隙粗糙度的联合效应。结果表明，对于良好连通的网络，由于密集的流动骨架支撑了强烈的流动聚集，高流量使二维建模与三维建模的阈值一致降低。如果流量足够小，则在三维模型中获得一个高度集中的溶蚀模式，其优先流动通道的位置与二维模型一致。然而，三维节理中的窄蚓孔可以显著加速突破过程。粗糙度对蚓孔网络（主干和分支）的溶蚀模式演化影响较小。如果流量为中等，三维模型中的溶蚀模式显示出比二维模型更大尺度的蚓孔网络。蚓孔形成的时机可能决定优先流动通道的位置。此外，粗糙度的增加可以导致溶蚀前缘的快速分裂，将不同节理之间的竞争转变为不同蚓孔之间的竞争。这不仅会减少突破时间，还会影响最终的溶蚀模式。本研究对深入理解三维裂隙网络中的蚓孔形成具有重要意义，有助于更准确地预测岩溶含水层的演化。

# 参 考 文 献

[1]  Baker V R. Geomorphology and hydrology of karst drainage basins and cave channel networks in east central New York[J]. Water Resources Research, 1973, 9 (3): 695-706.

[2]  Ford D, Williams P D. Karst hydrogeology and geomorphology[M]. Chichester: Wiley, 2013.

[3]  Goldscheider N, Drew D. Methods in karst hydrogeology[M]. London: CRC Press, 2007.

[4]  Parise M, Gunn J. Natural and anthropogenic hazards in karst areas: Recognition, analysis and mitigatio[M]. London: Geological Society of London, 2007.

[5]  Culver D C, Pipan T. The biology of caves and other subterranean habitats[M]. 2nd ed. Oxford: Oxford University Press, 2019.

[6]  Hartmann A, Goldscheider N, Wagener T, et al. Karst water resources in a changing world: Review of hydrological modeling approaches[J]. Reviews of Geophysics, 2014, 52 (3): 218-242.

[7]  Kaufmann G, Braun J. Karst Aquifer evolution in fractured, porous rocks[J]. Water Resources Research, 2000, 36 (6): 1381-1391.

[8]  Doctor D H, Alexander E C, Petrič M, et al. Quantification of karst aquifer discharge components during storm events through end-member mixing analysis using natural chemistry and stable isotopes as tracers[J]. Hydrogeology Journal, 2006, 14 (7): 1171-1191.

[9]  Hiller T, Kaufmann G, Romanov D. Karstification beneath dam-sites: From conceptual models to realistic scenarios[J]. Journal of Hydrology, 2011, 398 (3/4): 202-211.

[10]  Swinnerton A C. Origin of limestone caverns[J]. GSA Bulletin, 1932, 43 (3): 663-694.

[11]  Weyl P K. The solution kinetics of calcite[J]. The Journal of Geology, 1958, 66 (2): 163-176.

[12]  White W B, Longyear J. Some limitations on speleo-genetic speculation imposed by the hydraulics of groundwater flow in limestone[J]. Bulletin of the National Speleological Society, 1962, 26: 68-69.

[13]  White W B. Role of solution kinetics in the development of karst aquifers[J]. International Association of Hydrogeologists: MEMOIRES, 1977, 12: 503-517.

[14]  Dreybrodt W. The role of dissolution kinetics in the development of karst aquifers in limestone: A model simulation of karst evolution[J]. The Journal of Geology, 1990, 98 (5): 639-655.

[15]  Palmer A N. Origin and morphology of limestone caves[J]. GSA Bulletin, 1991, 103 (1): 1-21.

[16]  Dreybrodt W, Lauckner J, Liu Z H, et al. The kinetics of the reaction $CO_2 + H_2O \rightarrow H^+ + HCO_3^-$ as one of the rate limiting steps for the dissolution of calcite in the system $H_2O\text{-}CO_2\text{-}CaCO_3$[J]. Geochimica et Cosmochimica Acta, 1996, 60 (18): 3375-3381.

[17]  Gabrovšek F, Dreybrodt W. Role of mixing corrosion in calcite-aggressive $H_2O\text{-}CO_2\text{-}CaCO_3$ solutions in the early evolution of karst aquifers in limestone[J]. Water Resources Research, 2000, 36 (5): 1179-1188.

[18]  Groves C G, Howard A D. Minimum hydrochemical conditions allowing limestone cave development[J]. Water Resources Research, 1994, 30 (3): 607-615.

[19]  Szymczak P, Ladd A J C. The initial stages of cave formation: Beyond the one-dimensional paradigm[J]. Earth and Planetary Science Letters, 2011, 301 (3/4): 424-432.

[20]  Cheung W, Rajaram H. Dissolution finger growth in variable aperture fractures: Role of the tip-region flow field[J]. Geophysical Research Letters, 2002, 29 (22): e2002GL015196.

[21]  Hanna R B，Rajaram H. Influence of aperture variability on dissolutional growth of fissures in karst formations[J]. Water Resources Research，1998，34（11）：2843-2853.

[22]  Groves C G，Howard A D. Early development of karst systems：1. Preferential flow path enlargement under laminar flow[J]. Water Resources Research，1994，30（10）：2837-2846.

[23]  Howard A D，Groves C G. Early development of karst systems：2. Turbulent flow[J]. Water Resources Research，1995，31（1）：19-26.

[24]  Kaufmann G，Braun J. Karst aquifer evolution in fractured rocks[J]. Water Resources Research，1999，35（11）：3223-3238.

[25]  Szymczak P，Ladd A J C. Wormhole formation in dissolving fractures[J]. Journal of Geophysical Research：Solid Earth，2009，114（B6）：e2008JB006122.

[26]  Wang T，Hu R，Yang Z B，et al. Transitions of dissolution patterns in rough fractures[J]. Water Resources Research，2022，58（1）：e2021WR030456.

[27]  Kaufmann G. Modelling karst geomorphology on different time scales[J]. Geomorphology，2009，106（1/2）：62-77.

[28]  Kaufmann G，Romanov D. Structure and evolution of collapse sinkholes：Combined interpretation from physico-chemical modelling and geophysical field work[J]. Journal of Hydrology，2016，540：688-698.

[29]  Kaufmann G，Romanov D. The initial phase of cave formation：Aquifer-scale three-dimensional models with strong exchange flow[J]. Journal of Hydrology，2019，572：528-542.

[30]  Kaufmann G，Romanov D，Hiller T. Modeling three-dimensional karst aquifer evolution using different matrix-flow contributions[J]. Journal of Hydrology，2010，388（3/4）：241-250.

[31]  Li S B，Kang Z J，Feng X T，et al. Three-dimensional hydrochemical model for dissolutional growth of fractures in karst aquifers[J]. Water Resources Research，2020，56（3）：e2019WR025631.

[32]  Bauer S，Liedl R，Sauter M. Modeling the influence of epikarst evolution on karst aquifer genesis：A time-variant recharge boundary condition for joint karst-epikarst development[J]. Water Resources Research，2005，41（9）：e2004WR003321.

[33]  de Rooij R，Graham W. Generation of complex karstic conduit networks with a hydrochemical model[J]. Water Resources Research，2017，53（8）：6993-7011.

[34]  Dreybrodt W，Gabrovšek F. Climate and early karstification：What can be learned by models？[J]. Acta Geologica Polonica，2002，52（1）：1-11.

[35]  Dreybrodt W，Gabrovšek F，Romanov D. Processes of a speleogenessis：A modeling approach[M]. Ljubljana：Založba ZRC，2005.

[36]  Detwiler R L. Experimental observations of deformation caused by mineral dissolution in variable-aperture fractures[J]. Journal of Geophysical Research：Solid Earth，2008，113（B8）：e2008JB005697.

[37]  Noiriel C，Deng H. Evolution of planar fractures in limestone：The role of flow rate，mineral heterogeneity and local transport processes[J]. Chemical Geology，2018，497：100-114.

[38]  Hoefner M L，Fogler H S. Pore evolution and channel formation during flow and reaction in porous media[J]. AIChE Journal，1988，34（1）：45-54.

[39]  Starchenko V，Marra C J，Ladd A J C. Three-dimensional simulations of fracture dissolution[J]. Journal of Geophysical Research：Solid Earth，2016，121（9）：6421-6444.

[40]  Aliouache M，Wang X G，Jourde H，et al. Incipient karst formation in carbonate rocks：Influence of fracture network topology[J]. Journal of Hydrology，2019，575：824-837.

[41]  Starchenko V，Ladd A J C. The development of wormholes in laboratory-scale fractures：Perspectives from three-dimensional simulations[J]. Water Resources Research，2018，54（10）：7946-7959.

[42] Lace M J，Anderson R R，Kambesis P N. Iowa caves and karst[M]//Brick G A，Alexander E C Jr. Caves and karst of the upper midwest，USA：Minnesota，Iowa，Illinois，Wisconsin. Cham：Springer，2021.

[43] Siemers J，Dreybrodt W. Early development of karst aquifers on percolation networks of fractures in limestone[J]. Water Resources Research，1998，34（3）：409-419.

[44] Hubinger B，Birk S. Influence of initial heterogeneities and recharge limitations on the evolution of aperture distributions in carbonate aquifers[J]. Hydrology and Earth System Sciences，2011，15（12）：3715-3729.

[45] Liedl R，Sauter M，Hückinghaus D，et al. Simulation of the development of karst aquifers using a coupled continuum pipe flow model[J]. Water Resources Research，2003，39（3）：e2001WR001206.

[46] Clemens T，Hückinghaus D，Liedl R，et al. Simulation of the development of karst aquifers：Role of the epikarst[J]. International Journal of Earth Sciences，1999，88（1）：157-162.

[47] Gabrovšek F，Dreybrodt W. A model of the early evolution of karst aquifers in limestone in the dimensions of length and depth[J]. Journal of Hydrology，2001，240（3/4）：206-224.

[48] Kaufmann G. Modelling unsaturated flow in an evolving karst aquifer[J]. Journal of Hydrology，2003，276（1/2/3/4）：53-70.

[49] Kaufmann G，Romanov D. Cave development in the Swabian alb，south-west Germany：A numerical perspective[J]. Journal of Hydrology，2008，349（3/4）：302-317.

[50] Gabrovšek F，Dreybrodt W. Karstification in unconfined limestone aquifers by mixing of phreatic water with surface water from a local input：A model[J]. Journal of Hydrology，2010，386（1/2/3/4）：130-141.

[51] Kaufmann G. Karst aquifer evolution in a changing water table environment[J]. Water Resources Research，2002，38（6）：e2001WR000256.

[52] Ford D C，Ewers R O. The development of limestone cave systems in the dimensions of length and depth[J]. Canadian Journal of Earth Sciences，1978，15（11）：1783-1798.

[53] Birk S，Liedl R，Sauter M，et al. Hydraulic boundary conditions as a controlling factor in karst genesis：A numerical modeling study on artesian conduit development in gypsum[J]. Water Resources Research，2003，39（1）：e2002WR001308.

[54] Upadhyay V K，Szymczak P，Ladd A J C. Initial conditions or emergence：What determines dissolution patterns in rough fractures？[J]. Journal of Geophysical Research：Solid Earth，2015，120（9）：6102-6121.

[55] De Waele J，Lauritzen S E，Parise M. On the formation of dissolution pipes in Quaternary coastal calcareous arenites in Mediterranean settings[J]. Earth Surface Processes and Landforms，2011，36（2）：143-157.

[56] Dreybrodt W，Gabrovšek F. Dynamics of wormhole formation in fractured limestones[J]. Hydrology and Earth System Sciences，2019，23（4）：1995-2014.

[57] Birk S，Liedl R，Sauter M，et al. Simulation of the development of gypsum maze caves[J]. Environmental Geology，2005，48（3）：296-306.

[58] Rehrl C，Birk S，Klimchouk A B. Conduit evolution in deep-seated settings：Conceptual and numerical models based on field observations[J]. Water Resources Research，2008，44（11）：e2008WR006905.

[59] Bauer S，Liedl R，Sauter M. Modeling of karst aquifer genesis：Influence of exchange flow[J]. Water Resources Research，2003，39（10）：e2003WR002218.

[60] Gabrovsek F，Romanov D，Dreybrodt W. Early karstification in a dual-fracture aquifer：The role of exchange flow between prominent fractures and a dense net of fissures[J]. Journal of Hydrology，2004，299（1/2）：45-66.

[61] Lei Q H, Latham J P, Tsang C F, et al. A new approach to upscaling fracture network models while preserving geostatistical and geomechanical characteristics[J]. Journal of Geophysical Research: Solid Earth, 2015, 120 (7): 4784-4807.

[62] Wang X G, Aliouache M, Wang Y Y, et al. The role of aperture heterogeneity in incipient karst evolution in natural fracture networks: Insights from numerical simulations[J]. Advances in Water Resources, 2021, 156: 104036.

[63] Roded R, Aharonov E, Holtzman R, et al. Reactive flow and homogenization in anisotropic media[J]. Water Resources Research, 2020, 56 (12): e2020WR027518.

[64] Roded R, Szymczak P, Holtzman R. Wormholing in anisotropic media: Pore-scale effect on large-scale patterns[J]. Geophysical Research Letters, 2021, 48 (11): e2021GL093659.

[65] Wang X, Lei Q, Lonergan L, et al. Heterogeneous fluid flow in fractured layered carbonates and its implication for generation of incipient karst[J]. Advances in Water Resources, 2017, 107: 502-516.

[66] Duan R Q, Shang G H, Yu C, et al. Reactive transport simulation of cavern formation along fractures in carbonate rocks[J]. Water, 2021, 13 (1): 38.

[67] Liu P Y, Yao J, Couples G D, et al. Modeling and simulation of wormhole formation during acidization of fractured carbonate rocks[J]. Journal of Petroleum Science and Engineering, 2017, 154: 284-301.

[68] Liu P Y, Yao J, Couples G D, et al. Numerical modelling and analysis of reactive flow and wormhole formation in fractured carbonate rocks[J]. Chemical Engineering Science, 2017, 172: 143-157.

[69] Bögli A. Karst hydrology and physical speleology[M]. Berlin: Springer, 1980.

[70] Gabrovšek F, Menne B, Dreybrodt W. A model of early evolution of karst conduits affected by subterranean $CO_2$ sources[J]. Environmental Geology, 2000, 39 (6): 531-543.

[71] Romanov D, Gabrovsek F, Dreybrodt W. The impact of hydrochemical boundary conditions on the evolution of limestone karst aquifers[J]. Journal of Hydrology, 2003, 276 (1/2/3/4): 240-253.

[72] Gulley J D, Martin J B, Moore P J, et al. Heterogeneous distributions of $CO_2$ may be more important for dissolution and karstification in coastal eogenetic limestone than mixing dissolution[J]. Earth Surface Processes and Landforms, 2015, 40 (8): 1057-1071.

[73] Gulley J, Martin J, Moore P. Vadose $CO_2$ gas drives dissolution at water tables in eogenetic karst aquifers more than mixing dissolution[J]. Earth Surface Processes and Landforms, 2014, 39 (13): 1833-1846.

[74] Kaufmann G, Gabrovšek F, Romanov D. Deep conduit flow in karst aquifers revisited[J]. Water Resources Research, 2014, 50 (6): 4821-4836.

[75] Gong X, Yang X Q, Luo Q Z, et al. Effects of convective heat transport in modelling the early evolution of conduits in limestone aquifers[J]. Geothermics, 2019, 77: 383-394.

[76] Worthington S R H. Depth of conduit flow in unconfined carbonate aquifers[J]. Geology, 2001, 29 (4): 335-338.

[77] Worthington S R H. Hydraulic and geological factors influencing conduit flow depth[J]. Cave and Karst Science, 2004, 31 (3): 123-134.

[78] Gong X, Hou W J, Feng D L, et al. Modelling early karstification in future limestone geothermal reservoirs by mixing of meteoric water with cross-formational warm water[J]. Geothermics, 2019, 77: 313-326.

[79] Andre B J, Rajaram H. Dissolution of limestone fractures by cooling waters: Early development of hypogene karst systems[J]. Water Resources Research, 2005, 41 (1): e2004WR003331.

[80] Chaudhuri A, Rajaram H, Viswanathan H, et al. Buoyant convection resulting from dissolution and permeability growth in vertical limestone fractures[J]. Geophysical Research Letters, 2009, 36 (3): e2008GL036533.

[81] Chaudhuri A，Rajaram H，Viswanathan H. Early-stage hypogene karstification in a mountain hydrologic system：A coupled thermohydrochemical model incorporating buoyant convection[J]. Water Resources Research，2013，49（9）：5880-5899.

[82] Roded R，Aharonov E，Frumkin A，et al. Cooling of hydrothermal fluids rich in carbon dioxide can create large karst cave systems in carbonate rocks[J]. Communications Earth & Environment，2023，4（1）：465.

[83] Kang P K，Lei Q H，Dentz M，et al. Stress-induced anomalous transport in natural fracture networks[J]. Water Resources Research，2019，55（5）：4163-4185.

[84] Zhao Z H，Jing L R，Neretnieks I，et al. Numerical modeling of stress effects on solute transport in fractured rocks[J]. Computers and Geotechnics，2011，38（2）：113-126.

[85] Jiang C Y，Wang X G，Sun Z X，et al. The role of in situ stress in organizing flow pathways in natural fracture networks at the percolation threshold[J/OL]. Geofluids，2019. https://doi.org/10.1155/2019/3138972.

[86] Wang X G，Jiang C Y，Lei Q H，et al. Impact of stress-driven crack growth on the emergence of anomalous transport in critically connected natural fracture networks[J]. International Journal of Rock Mechanics and Mining Sciences，2023，170：105532.

[87] Hyman J D，Dentz M，Hagberg A，et al. Linking structural and transport properties in three-dimensional fracture networks[J]. Journal of Geophysical Research：Solid Earth，2019，124（2）：1185-1204.

[88] Zhao Z H，Rutqvist J，Leung C，et al. Impact of stress on solute transport in a fracture network：A comparison study[J]. Journal of Rock Mechanics and Geotechnical Engineering，2013，5（2）：110-123.

[89] Plummer L N，Wigley T M L，Parkhurst D L. The kinetics of calcite dissolution in $CO_2$-water systems at 5℃ to 60℃ and 0.0 to 1.0 atm $CO_2$[J]. American Journal of Science，1978，278（2）：179-216.

[90] Bögli A. Mischungskorrosion—Ein beitrag zum verkarstungsproblem[J]. Erdkunde，1964，18（2）：83-92.

[91] Svensson U，Dreybrodt W. Dissolution kinetics of natural calcite minerals in $CO_2$-water systems approaching calcite equilibrium[J]. Chemical Geology，1992，100（1/2）：129-145.

[92] Eisenlohr L，Meteva K，Gabrovšek F，et al. The inhibiting action of intrinsic impurities in natural calcium carbonate minerals to their dissolution kinetics in aqueous $H_2O$-$CO_2$ solutions[J]. Geochimica et Cosmochimica Acta，1999，63（7/8）：989-1001.

[93] Jeschke A A，Vosbeck K，Dreybrodt W. Surface controlled dissolution rates of gypsum in aqueous solutions exhibit nonlinear dissolution kinetics[J]. Geochimica et Cosmochimica Acta，2001，65（1）：27-34.

[94] Incropera F P，DeWitt D P. Fundamentals of heat and mass transfer[M]. 5th ed. New York：Wiley，2002.

[95] Dreybrodt W. Processes in karst systems：Physics，chemistry，and geology[M]. Berlin：Springer，1988.

[96] Detwiler R L，Rajaram H. Predicting dissolution patterns in variable aperture fractures：Evaluation of an enhanced depth-averaged computational model[J]. Water Resources Research，2007，43（4）：e2006WR005147.

[97] Szymczak P，Ladd A J C. A network model of channel competition in fracture dissolution[J]. Geophysical Research Letters，2006，33（5）：e2005GL025334.

[98] Zimmerman R，Main I. Hydromechanical behavior of fractured rocks[M]//Guéguen Y，Boutéca M. Mechanics of fluid-saturated rocks. Amsterdam：Elsevier，2004.

[99] Sanderson D J，Nixon C W. The use of topology in fracture network characterization[J]. Journal of Structural Geology，2015，72：55-66.

[100] Tsang C F，Neretnieks I. Flow channeling in heterogeneous fractured rocks[J]. Reviews of Geophysics，1998，36（2）：275-298.

[101] Berkowitz B，Naumann C，Smith L. Mass transfer at fracture intersections：An evaluation of mixing

models[J]. Water Resources Research, 1994, 30 (6): 1765-1773.

[102] Küpper J A, Schwartz F W, Steffler P M. A comparison of fracture mixing models, 2. Analysis of simulation trials[J]. Journal of Contaminant Hydrology, 1995, 18 (1): 33-58.

[103] Park Y J, de Dreuzy J R, Lee K K, et al. Transport and intersection mixing in random fracture networks with power law length distributions[J]. Water Resources Research, 2001, 37 (10): 2493-2501.

[104] Davy P, Le Goc R, Darcel C. A model of fracture nucleation, growth and arrest, and consequences for fracture density and scaling[J]. Journal of Geophysical Research: Solid Earth, 2013, 118 (4): 1393-1407.

[105] Pollard D D, Aydin A. Progress in understanding jointing over the past century[J]. GSA Bulletin, 1988, 100 (8): 1181-1204.

[106] Renshaw C E, Park J C. Effect of mechanical interactions on the scaling of fracture length and aperture[J]. Nature, 1997, 386: 482-484.

[107] Park Y J, Lee K K, Berkowitz B. Effects of junction transfer characteristics on transport in fracture networks[J]. Water Resources Research, 2001, 37 (4): 909-923.

[108] Belayneh M, Geiger S, Matthäi S K. Numerical simulation of water injection into layered fractured carbonate reservoir analogs[J]. AAPG Bulletin, 2006, 90 (10): 1473-1493.

[109] Geiger S, Matthäi S, Niessner J, et al. Black-oil simulations for three-component, three-phase flow in fractured porous media[J]. SPE Journal, 2009, 14 (2): 338-354.

[110] Geiger S, Emmanuel S. Non-Fourier thermal transport in fractured geological media[J]. Water Resources Research, 2010, 46 (7): e2009WR008671.

[111] Matthäi S K, Nick H M, Pain C, et al. Simulation of solute transport through fractured rock: A higher-order accurate finite-element finite-volume method permitting large time steps[J]. Transport in Porous Media, 2010, 83 (2): 289-318.

[112] Matthäi S K, Belayneh M. Fluid flow partitioning between fractures and a permeable rock matrix[J]. Geophysical Research Letters, 2004, 31 (7): e2003GL019027.

[113] Odling N E, Webman I. A "conductance" mesh approach to the permeability of natural and simulated fracture patterns[J]. Water Resources Research, 1991, 27 (10): 2633-2643.

[114] Zimmerman R W, Kumar S, Bodvarsson G S. Lubrication theory analysis of the permeability of rough-walled fractures[J]. International Journal of Rock Mechanics and Mining Sciences & Geomechanics Abstracts, 1991, 28 (4): 325-331.

[115] Bonnet E, Bour O, Odling N E, et al. Scaling of fracture systems in geological media[J]. Reviews of Geophysics, 2001, 39 (3): 347-383.

[116] Cowie P A, Sornette D, Vanneste C. Multifractal scaling properties of a growing fault population[J]. Geophysical Journal International, 1995, 122 (2): 457-469.

[117] Feder J. Random walks and fractals[M]//Feder J. Fractals. Boston: Springer, 1988.

[118] Davy P, Cobbold P R. Experiments on shortening of a 4-layer model of the continental lithosphere[J]. Tectonophysics, 1991, 188 (1/2): 1-25.

[119] Sornette D, Miltenberger P, Vanneste C. Statistical physics of fault patterns self-organized by repeated earthquakes[J]. Pure and Applied Geophysics, 1994, 142 (3): 491-527.

[120] Bruderer-Weng C, Cowie P, Bernabé Y, et al. Relating flow channelling to tracer dispersion in heterogeneous networks[J]. Advances in Water Resources, 2004, 27 (8): 843-855.

[121] Sanderson D J, Zhang X. Critical stress localization of flow associated with deformation of well-fractured rock masses, with implications for mineral deposits[J]. Geological Society, London, Special Publications, 1999, 155 (1): 69-81.

[122] Dreybrodt W，Gabrovšek F. Dynamics of wormhole formation in fractured karst aquifers[J/OL]. Hydrology and Earth System Sciences Discussions，2018. http://dx.doi.org/10.5194/hess-2018-275.

[123] Bloomfield J P，Barker J A，Robinson N. Modeling fracture porosity development using simple growth laws[J]. Groundwater，2005，43（3）：314-326.

[124] Swamee P K，Swamee N. Full-range pipe-flow equations[J]. Journal of Hydraulic Research，2007，45（6）：841-843.

[125] Barton N，Bandis S，Bakhtar K. Strength，deformation and conductivity coupling of rock joints[J]. International Journal of Rock Mechanics and Mining Sciences & Geomechanics Abstracts，1985，22（3）：121-140.

[126] Belayneh M，Cosgrove J W. Fracture-pattern variations around a major fold and their implications regarding fracture prediction using limited data：An example from the Bristol Channel Basin[J]. Geological Society，London，Special Publications，2004，231（1）：89-102.

[127] Munjiza A. The combined finite-discrete element method[M]. Chichester：Wiley，2004.

[128] Olsson R，Barton N. An improved model for hydromechanical coupling during shearing of rock joints[J]. International Journal of Rock Mechanics and Mining Sciences，2001，38（3）：317-329.

[129] Barton N，Choubey V. The shear strength of rock joints in theory and practice[J]. Rock Mechanics，1977，10（1）：1-54.

[130] Lei Q H，Latham J P，Xiang J S. Implementation of an empirical joint constitutive model into finite-discrete element analysis of the geomechanical behaviour of fractured rocks[J]. Rock Mechanics and Rock Engineering，2016，49（12）：4799-4816.

[131] Ishibashi T，McGuire T P，Watanabe N，et al. Permeability evolution in carbonate fractures：Competing roles of confining stress and fluid pH[J]. Water Resources Research，2013，49（5）：2828-2842.

[132] Detwiler R L，Glass R J，Bourcier W L. Experimental observations of fracture dissolution：The role of Peclet number on evolving aperture variability[J]. Geophysical Research Letters，2003，30（12）：e2003GL017396.

[133] Jiang C Y，Wang X G，Pu S Y，et al. Incipient karst generation in jointed layered carbonates：Insights from three-dimensional hydro-chemical simulations[J]. Journal of Hydrology，2022，610：127831.

[134] Jourde H，Cornaton F，Pistre S，et al. Flow behavior in a dual fracture network[J]. Journal of Hydrology，2002，266（1/2）：99-119.

[135] Jourde H，Pistre S，Perrochet P，et al. Origin of fractional flow dimension to a partially penetrating well in stratified fractured reservoirs. New results based on the study of synthetic fracture networks[J]. Advances in Water Resources，2002，25（4）：371-387.

[136] Hooker J N，Laubach S E，Marrett R. Fracture-aperture size-frequency，spatial distribution，and growth processes in strata-bounded and non-strata-bounded fractures，Cambrian Mesón Group，NW Argentina[J]. Journal of Structural Geology，2013，54：54-71.

[137] Odling N E，Gillespie P，Bourgine B，et al. Variations in fracture system geometry and their implications for fluid flow in fractures hydrocarbon reservoirs[J]. Petroleum Geoscience，1999，5（4）：373-384.

[138] McQuillan H. Small-scale fracture density in Asmari Formation of southwest Iran and its relation to bed thickness and structural setting[J]. AAPG Bulletin，1973，57（12）：2367-2385.

[139] Rives T，Razack M，Petit J P，et al. Joint spacing：Analogue and numerical simulations[J]. Journal of Structural Geology，1992，14（8/9）：925-937.

[140] Wu H Q，Pollard D D. An experimental study of the relationship between joint spacing and layer thickness[J]. Journal of Structural Geology，1995，17（6）：887-905.

[141] Josnin J Y，Jourde H，Fénart P，et al. A three-dimensional model to simulate joint networks in layered rocks[J]. Canadian Journal of Earth Sciences，2002，39（10）：1443-1455.

[142] Jourde H. Simulation d'essais de puits en milieu fracturé à partir d'un modèle discret basé sur des lois mécaniques de fracturation：Validation sur sites expérimentaux[D]. Montpellier：Université de Montpellier，1999.

[143] Sun Z X，Jiang C Y，Wang X G，et al. Combined effects of thermal perturbation and in situ stress on heat transfer in fractured geothermal reservoirs[J]. Rock Mechanics and Rock Engineering，2021，54（5）：2165-2181.

[144] Bour O，Davy P. Connectivity of random fault networks following a power law fault length distribution[J]. Water Resources Research，1997，33（7）：1567-1583.

[145] Maillot J，Davy P，Le Goc R，et al. Connectivity，permeability，and channeling in randomly distributed and kinematically defined discrete fracture network models[J]. Water Resources Research，2016，52（11）：8526-8545.

[146] Davy P，Hansen A，Bonnet E，et al. Localization and fault growth in layered brittle-ductile systems：Implications for deformations of the continental lithosphere[J]. Journal of Geophysical Research：Solid Earth，1995，100（B4）：6281-6294.

[147] Sornette A，Davy P，Sornette D. Fault growth in brittle-ductile experiments and the mechanics of continental collisions[J]. Journal of Geophysical Research：Solid Earth，1993，98（B7）：12111-12139.

[148] Hyman J D. Flow channeling in fracture networks：Characterizing the effect of density on preferential flow path formation[J]. Water Resources Research，2020，56（9）：e2020WR027986.

[149] Szymczak P，Ladd A J C. Reactive-infiltration instabilities in rocks. Fracture dissolution[J]. Journal of Fluid Mechanics，2012，702：239-264.

[150] Szymczak P，Ladd A J C. Interacting length scales in the reactive-infiltration instability[J]. Geophysical Research Letters，2013，40（12）：3036-3041.

[151] Zambrano M，Tondi E，Korneva I，et al. Fracture properties analysis and discrete fracture network modelling of faulted tight limestones，Murge Plateau，Italy[J]. Italian Journal of Geosciences，2016，135（1）：55-67.

[152] Dreybrodt W. Principles of early development of karst conduits under natural and man-made conditions revealed by mathematical analysis of numerical models[J]. Water Resources Research，1996，32（9）：2923-2935.

[153] Lei Q H，Wang X G，Min K B，et al. Interactive roles of geometrical distribution and geomechanical deformation of fracture networks in fluid flow through fractured geological media[J]. Journal of Rock Mechanics and Geotechnical Engineering，2020，12（4）：780-792.

[154] Sun Z X，Jiang C Y，Wang X G，et al. Joint influence of in-situ stress and fracture network geometry on heat transfer in fractured geothermal reservoirs[J]. International Journal of Heat and Mass Transfer，2020，149：119216.

[155] Lei Q H，Wang X G，Xiang J S，et al. Polyaxial stress-dependent permeability of a three-dimensional fractured rock layer[J]. Hydrogeology Journal，2017，25（8）：2251-2262.

[156] Deng H，Molins S，Trebotich D，et al. Pore-scale numerical investigation of the impacts of surface roughness：Upscaling of reaction rates in rough fractures[J]. Geochimica et Cosmochimica Acta，2018，239：374-389.

[157] Hu R，Wang T，Yang Z，et al. Dissolution hotspots in fractures[J]. Geophysical Research Letters，2021，48（20）：e2021GL094118.

[158] Oltéan C，Golfier F，Buès M A. Numerical and experimental investigation of buoyancy-driven dissolution in vertical fracture[J]. Journal of Geophysical Research：Solid Earth，2013，118（5）：2038-2048.

[159] Deng H，Steefel C，Molins S，et al. Fracture evolution in multimineral systems：The role of mineral composition，flow rate，and fracture aperture heterogeneity[J]. ACS Earth and Space Chemistry，2018，2（2）：112-124.

# 附录 A  岩溶管道间距的演化特征

为阐明关联维数 $D_2$ 与演化岩溶管道间距之间可能存在的关系,我们在一个 25m×25m 人工生成的裂隙模型上进行了溶蚀模拟。该模型由 60×60 的网格构成,每个裂隙段的长度为 0.833m。裂隙开度场采用对数正态分布,开度平均值为 0.3mm,标准差为 0.1mm。模型左边界设定为固定水头 0.5m,右边界设定为固定水头 0m。其他两个边界为无流量边界。本模型使用的其他参数与第 3.3 节模型中的参数相同。

图 A-1 展示了关联维数 $D_2$ 的演化过程,以及管道演化不同阶段的几种开度分布。演化阶段(由虚线分隔)由 $D_2$ 曲线的不同斜率定义。可以观察到,随着系统从阶段 2 经阶段 3 演化到阶段 4,$D_2$ 曲线的斜率逐渐增大。分析裂隙开度场可以发现,$D_2$ 曲线的斜率与岩溶管道间距存在良好的相关性:阶段 4 具有最大的岩溶管道间距;阶段 3 的岩溶管道间距小于阶段 4,但大于阶段 2。简言之,$D_2$ 曲线的较大斜率对应较大的岩溶管道间距。

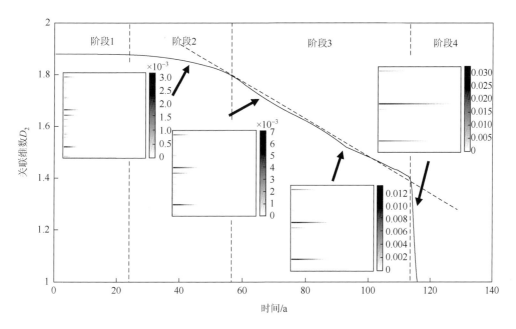

图 A-1  具有不同特征斜率的 $D_2$ 的演化阶段和相应的开度场

注:图中条形图例表示开度,mm

# 附录 B　简化几何水力关系转变

为说明水力边界条件对系统演化路径的影响，我们在一个简单的几何模型上进行溶蚀模拟。该模型由两条长裂隙通过一条短裂隙相连构成[图 B-1（a）]。裂隙 1 和裂隙 2 都会发生溶蚀。然而，由于裂隙 3 引起的局部流动交换，裂隙 1 沿 $x$ 方向的浓度分布略低于裂隙 2[图 B-1（b）]。当 $h_{in}$ 值较大时，会形成更长的非饱和前缘渗透长度（$l_p$）。非饱和流体的深度渗透导致两条裂隙在入口附近的浓度差异更大[比较图 B-1（c）中的细虚线和细实线]。这种浓度差异决定了两条裂隙溶蚀、岩溶管道发育速率的相对差异，从而决定了两条裂隙（通道）间流量的竞争强度（由正反馈循环驱动）的相对差异。浓度差异越大，管道发育的差异越明显，管道间的流量竞争越少。随时间演化，较短的 $l_p$ 相比较长的 $l_p$，浓度差异增加得更快[图 B-1（c）]。这意味着当 $h_{in}$ 值较大时，流量聚集到发育管道所需的时间更长，即次生管道有更大的深入发展趋势。

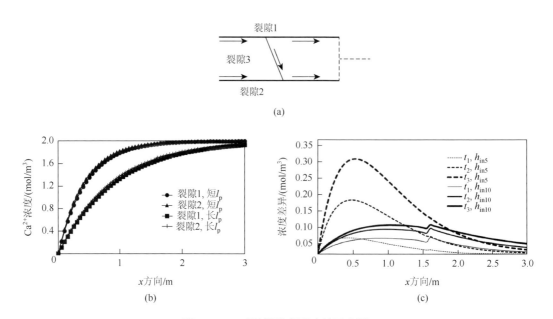

图 B-1　$h_{in}$ 对通道演变影响的示意图

注：短 $l_p$ 对应 $h_{in5}$（入口水头高度 $h_{in}$ 为 5m），长 $l_p$ 对应 $h_{in10}$（入口水头高度 $h_{in}$ 为 10m）